新雅

幼稚園常識及綜合科學練習

高班 下

新雅文化事業有限公司
www.sunya.com.hk

編旨

《新雅幼稚園常識及綜合科學練習》是根據幼稚園教育課程指引編寫，旨在提升幼兒在不同範疇上的認知，拓闊他們在常識和科學上的知識面，有助銜接小學人文科及科學科課程。

★ 本書主要特點：

· 內容由淺入深，以螺旋式編排

本系列主要圍繞幼稚園「個人與羣體」、「大自然與生活」和「體能與健康」三大範疇，設有七大學習主題，主題從個人出發，伸展至家庭與學校，以至社區和國家，循序漸進的由內向外學習。七大學習主題會在各級出現，以螺旋式組織編排，內容和程度會按照幼兒的年級層層遞進，由淺入深。

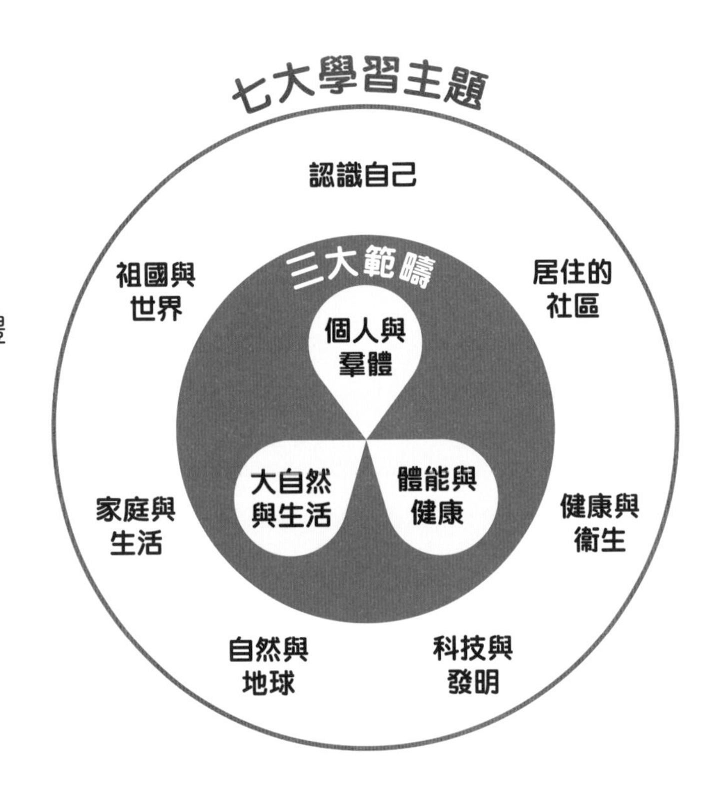

· 明確的學習目標

每個練習均有明確的學習目標，使教師和家長能對幼兒作出適當的引導。

· 課題緊扣課程框架，幫助銜接小學人文科

每冊練習的大部分主題均與人文科六個學習範疇互相呼應，除了鼓勵孩子從小建立健康的生活習慣，促進他們人際關係的發展，還引導他們思考自己於家庭和社會所擔當的角色及應履行的責任，從而加強他們對社會及國家的關注和歸屬感。

‧設親子實驗，從實際操作中學習，幫助銜接小學科學科

配合小學 STEAM 課程，本系列每冊均設有親子實驗室，讓孩子在家也能輕鬆做實驗。孩子「從做中學」（Learning by Doing），不但令他們更容易理解抽象的科學原理，還能加深他們學新知識的記憶，並提升他們學習的興趣。

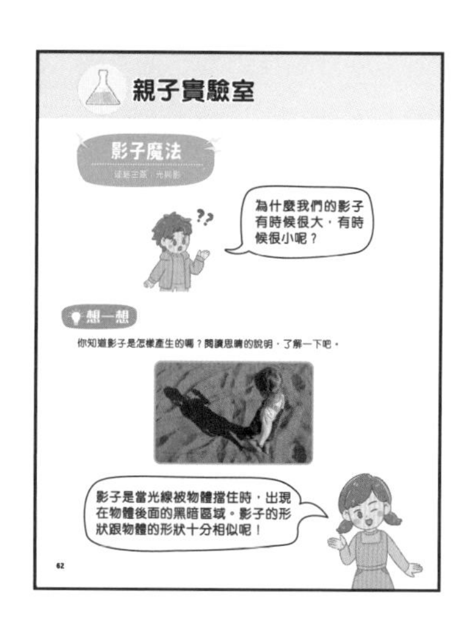

‧配合價值觀教育

部分主題會附有「品德小錦囊」，配合教育局提倡的十個首要培育的價值觀和態度，讓孩子一邊學習生活、科學上的基礎認知，一邊為培養他們的良好品格奠定基礎。

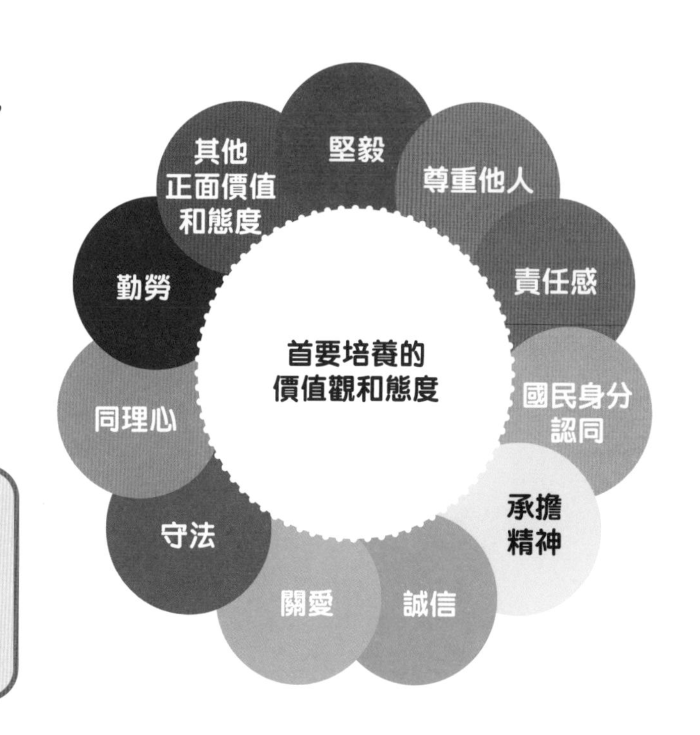

品德小錦囊

我們要尊重社會上有不同需要的殘疾人士，努力建立和諧共融的社會。

‧內含趣味貼紙練習

每冊都包含了需運用貼紙完成的趣味練習，除了能提升孩子的學習興趣，還能訓練孩子的手部小肌肉，促進手眼協調。

K1-K3學習主題

學習主題＼年級		K1	K2	K3
認識自己	我的身體	1. 我的臉蛋 2. 神奇的五官 3. 活力充沛的身體	1. 靈敏的舌頭 2. 看不見的器官	1. 支撐身體的骨骼 2. 堅硬的牙齒 3. 男孩和女孩
	我的情緒	4. 多變的表情	3. 趕走壞心情	4. 適應新生活 5. 自在樂悠悠
健康與衛生	個人衛生	5. 儀容整潔好孩子 6. 洗洗手，細菌走	4. 家中好幫手	6. 我愛乾淨
	健康飲食	7. 走進食物王國 8. 有營早餐	5. 一日三餐 6. 吃飯的禮儀	7. 我會均衡飲食
	日常保健	－	7. 運動大步走 8. 安全運動無難度	8. 休息的重要

學習主題＼年級		K1	K2	K3
家庭與生活	家庭生活	9. 我愛我的家 10. 我會照顧家人 11. 年幼的弟妹 12. 我的玩具箱	9. 我的家族 10. 舒適的家	9. 爸爸媽媽，請聽我說 10. 做個盡責小主人 11. 我在家中不搗蛋
	學校生活	13. 我會收拾書包 14. 來上學去	11. 校園的一角 12. 我的文具盒	12. 我會照顧自己 13. 不同的校園生活
	出行體驗	15. 到公園去 16. 公園規則要遵守 17. 四通八達的交通	13. 多姿多彩的暑假 14. 獨特的交通工具	14. 去逛商場 15. 乘車禮儀齊遵守 16. 讓座人人讚
	危機意識	18. 保護自己 19. 大灰狼真討厭！	15. 路上零意外	17. 欺凌零容忍 18. 我會應對危險
自然與地球	天象與季節	20. 天上有什麼？ 21. 變幻的天氣 22. 交替的四季 23. 百變衣櫥	16. 天氣不似預期 17. 夏天與冬天 18. 初探宇宙	19. 我會看天氣報告 20. 香港的四季

學習主題＼年級		K1	K2	K3
自然與地球	動物與植物	24. 可愛的動物 25. 動物們的家 26. 到農場去 27. 我愛大自然	19. 動物大觀園 20. 昆蟲的世界 21. 生態遊蹤 22. 植物放大鏡 23. 美麗的花朵	21. 孕育小生命 22. 種子發芽了 23. 香港生態之旅
	認識地球	28. 珍惜食物 29. 我不浪費	24. 百變的樹木 25. 金屬世界 26. 磁鐵的力量 27. 鮮豔的回收箱 28. 綠在區區	24. 瞬間看地球 25. 浩瀚的宇宙 26. 地球，謝謝你！ 27. 地球生病了
科技與發明	便利的生活	30. 看得見的電力 31. 船兒出航 32. 金錢有何用？	29. 耐用的塑膠 30. 安全乘搭升降機 31. 輪子的轉動	28. 垃圾到哪兒？ 29. 飛行的故事 30. 光與影 31. 中國四大發明（造紙和印刷） 32. 中國四大發明（火藥和指南針）
	資訊傳播媒介	33. 資訊哪裏尋？	32. 騙子來電 33. 我會善用科技	33. 拒絕電子奶嘴
居住的社區	社區中的人和物	34. 小社區大發現 35. 我會求助 36. 生病記 37. 勇敢的消防員	34. 社區設施知多少 35. 我會看地圖 36. 郵差叔叔去送信 37. 穿制服的人們	34. 社區零障礙 35. 我的志願

學習主題＼年級		K1	K2	K3
居住的社區	認識香港	38. 香港的美食 39. 假日好去處	38. 香港的節日 39. 參觀博物館	36. 三大地域 37. 本地一日遊 38. 香港的名山
	公民的責任	40. 整潔的街道	40. 多元的社會	—
祖國與世界	傳統節日和文化	41. 新年到了！ 42. 中秋慶團圓 43. 傳統美德（孝）	41. 端午節划龍舟 42. 祭拜祖先顯孝心 43. 傳統美德（禮）	39. 傳統美德（誠） 40. 傳統文化有意思
	我國地理面貌和名勝	44. 遨遊北京	44. 暢遊中國名勝	41. 磅礴的大河 42. 神舟飛船真厲害
	建立身份認同	—	45. 親愛的祖國	43. 國與家，心連心
	認識世界	45. 聖誕老人來我家 46. 色彩繽紛的國旗	46. 環遊世界	44. 整裝待發出遊去 45. 世界不細小 46. 出國旅遊要守禮

目錄

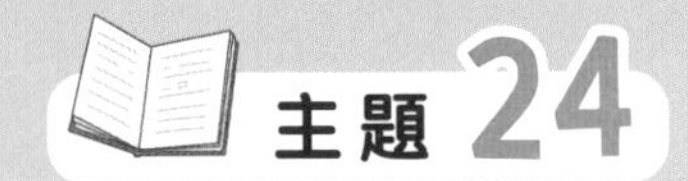

主題 24

瞬間看地球

學習重點

- 認識地球上不同的自然風光
- 進一步認識地球

地球上有哪些美麗的自然風光？請把自然風光的貼紙貼在適當的相框裏。

總結

地球是太陽系裏的一顆行星，它是一個球體，會自轉，也會圍繞太陽轉動，使地球上有日夜和四季的變化。地球上有不同的自然風光，包括高山、河流等，形成各種生態。

這些小朋友所說的地球知識正確嗎？正確的，請在圈裏打 ✓；不正確的，請在圈裏打 ✕。

地球是位於宇宙裏的月亮系。
地球是一個球體。
地球會圍繞着太陽轉動。

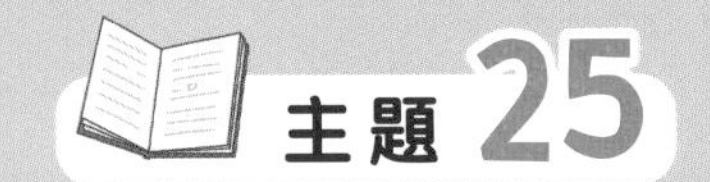

主題 25

浩瀚的宇宙

學習重點

- 初步認識太陽系的八大行星
- 認識人類探索宇宙的工具

太陽系的八大行星分別是什麼？請仔細觀察以下的宇宙圖，並把適當的字詞貼紙貼在 [　　] 內。

外層的圓環就是我的標誌。
我是太陽系中最熾熱的行星。
我是太陽系裏最大的行星。
我旋轉的方式和其他行星都不相同。
我是太陽系裏最細小的行星。
我有「紅色星球」的稱號。
我是距離太陽最遠的行星。

總結

太陽系有八大行星，包括水星、金星、地球、火星、木星、土星、天王星和海王星，它們都會圍繞着太陽旋轉。為了了解地球和宇宙，人類會利用許多工具來探索太空，包括太空望遠鏡、穿梭機等。

人類會使用什麼工具去探索太空？請把代表答案的字母填在相應的格子內。

A. 穿梭機　　B. 月球車

C. 國際太空站　　D. 太空望遠鏡

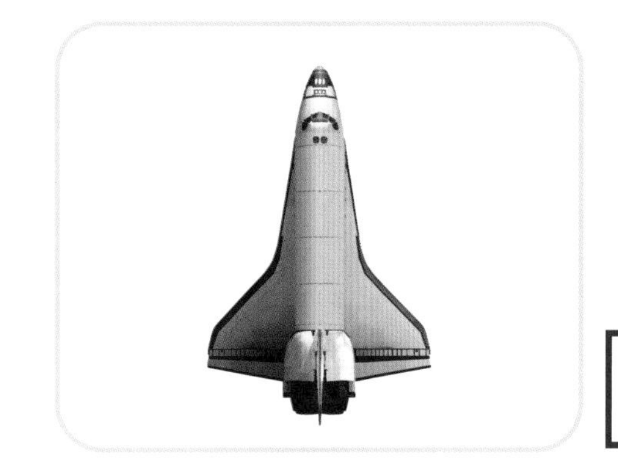

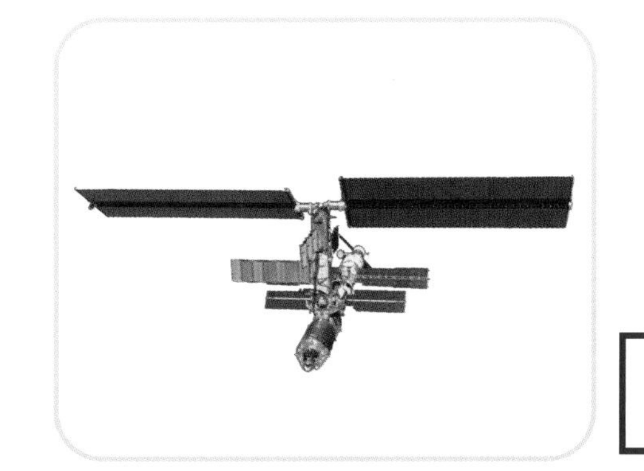

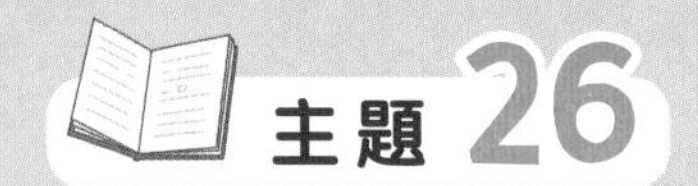

主題 26

地球，謝謝你！

學習重點

- 認識地球提供的不同資源
- 認識不同的發電方法

以下的地球資源主要可以從哪裏獲得？請連一連。

飲用水

動植物

糧食

湖泊和河流

金屬材料

森林

木材

礦石

總結

地球上有不同的珍貴資源，包括水、動植物、礦物等，人們也會用不同的方法發電來獲取能源。這些資源讓我們能夠生存，並滿足生活上的需要。不過，自然資源不是無窮無盡的，我們要好好珍惜。

人類會使用什麼方法發電？請分辨出發電的方法，並在□內加 ✓。

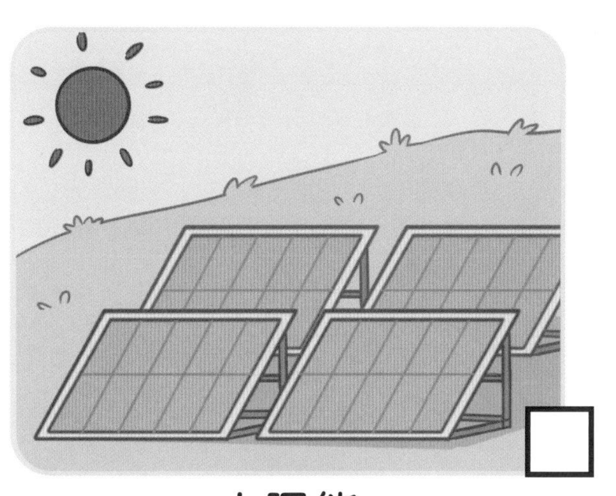
太陽能 □

風力 □

水力 □

化石燃料 □

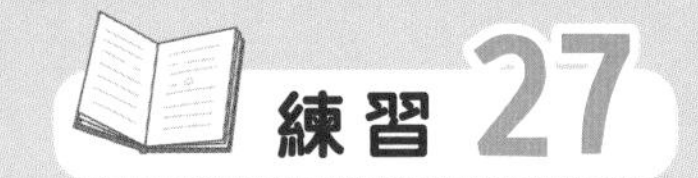

練習 27

地球生病了

學習重點

- 認識生活中造成的污染
- 認識減少污染的方法

以下圖中哪些地方出現污染？請把它們圈起來（提示：共5處）。

總結

人類的活動有時會對環境造成污染，例如汽車排出的廢氣造成空氣污染、音響的大聲浪造成噪音污染等。污染可能損害我們的健康，也會危害動植物生存，破壞生態，所以我們應該減少對環境的污染。

我們如何可以減少環境污染？對環境好的行為，請把 👍 貼紙貼上；對環境不好的行為，請把 👎 貼紙貼上。

乘搭公共交通工具

把垃圾丟進大海

減少浪費紙巾

使用環保袋取代膠袋

練習 28

垃圾到哪兒？

學習重點

- 認識減少垃圾的方法
- 認識香港處理垃圾的方法

除了 4R 原則，現在人們還提倡環保 5R 原則。以下的小朋友遵守了那一種 5R 原則？請把代表答案的字母填在方格內。

A. Recycle 回收　　B. Reduce 減量　　C. Reuse 重複使用

D. Repair 維修　　E. Refuse 拒絕

拒絕購買過度包裝商品 □

回收用完的物品 □

紙張的兩面都使用 □

維修壞電器 □

減少使用即棄餐具 □

總結

我們每天都製造大量垃圾，例如剩餘的食物、即棄塑膠餐具等。香港現時會以不同的方式處理垃圾，包括堆填和焚燒等。為了減輕對環境的負擔，我們應努力減少製造垃圾。

現時香港怎樣處理垃圾？請分辨出這些方法，並在□內加 ✓。

□ 運送往其他國家回收

□ 使用焚化爐燒燬

□ 送往堆填區填海

□ 在山上堆積

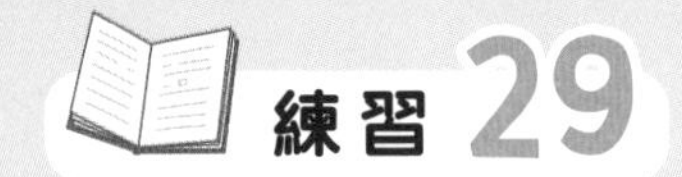

練習 29

飛行的故事

學習重點

- 分辨海、陸、空的交通工具
- 初步認識地心吸力

哪些交通工具能夠飛行，哪些會在陸地或海洋上行駛？請把交通工具的貼紙貼到適當的位置。

總結

地球上的物件都受「地心吸力」影響，會向地球中心的方向吸引，例如人們跳起之後會被「吸回」到地面上。飛行的交通工具，要抵抗地心吸力，才讓我們離開地面並在半空中懸浮。

以下圖中的物件會怎樣移動？請圈出正確的答案。

1. 放開手後，鉛筆會

往上飛 / 往下掉

2. 拋起皮球後，皮球會

留在半空中 / 往下掉

3. 女孩跳起後，她會

留在半空中 / 往下掉

地球上有一種力會令物體 往上飛 / 留在半空中 / 往下掉，它就是「地心吸力」了！

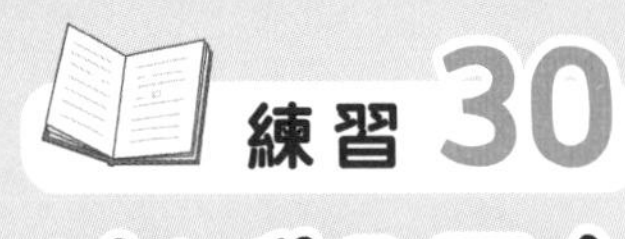

練習 30 光與影

學習重點

- 辨別發光的物體
- 初步認識影子與本體的關係，明白影子的概念

以下哪些東西能夠發光？請分辨出能發光的東西，並在□內加 ✓。

太陽 □	枱燈 □	玻璃 □
蠟燭 □	鏡子 □	月亮 □

以下圖中是哪種東西的影子？請把代表答案的字母填在方格內。

A. 香蕉　　B. 玩具車　　C. 兔子

總結

光線能讓我們看見各種事物。它能夠穿過透明的物體，例如玻璃窗。當光線照射在不透明的物體上時，便會產生和物體形狀相似的影子。當光線從不同的位置照射物體，影子的方向、形狀和大小也會變得不一樣。

影子會在哪個方向？觀察光源的位置，把影子正確的位置填上黑色。

例題：

1.

2.

練習 31

中國四大發明（造紙和印刷）

學習重點
- 認識古代造紙術
- 認識古代活字印刷術

相傳紙是由東漢的蔡倫發明的。他是怎樣造紙的？請按造紙的過程把以下圖片順序排列。

1 把樹皮、漁網等紙的原料切碎和洗淨

☐ 抄紙

☐ 反復攪拌紙漿成糊狀

☐ 加入草木灰水攪拌

☐ 把原料煮爛，用木杵搗碎成紙漿

☐ 曬紙

造紙術和印刷術都是中國古代四大發明之一。在古代，紙較甲骨和竹簡輕，能方便運送，有助傳播及保存知識，而印刷術能方便人們迅速大量印刷書籍，它們都是人類文化發展的重要發明。

相傳活字印刷是由北宋的畢昇發明的。圖中的漢字印刷模板會印刷出什麼字？請把適當的字詞貼紙貼在 ⬚ 內。

練習 32

中國四大發明（火藥和指南針）

學習重點

- 認識火藥的用途
- 認識古代的指南針

相傳火藥是古代術士在煉丹的過程中意外發明的。火藥有什麼用途？請分辨出火藥的用途，並在□內加 ✓。

□ 製作煙花

□ 製作醫治寵物的藥物

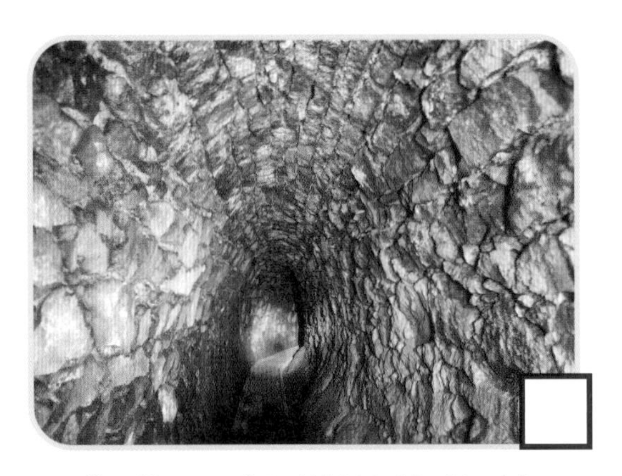

□ 製作開鑿隧道的炸藥

□ 用作汽車的燃料

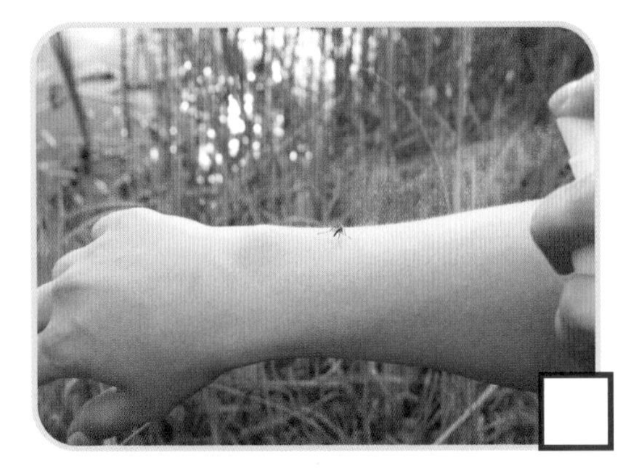

□ 用作驅蚊劑

□ 製作爆竹

總結

火藥和指南針都是中國古代四大發明之一。火藥除了軍事用途，也可用於開山辟地，是建築的重要工具。指南針則利用磁鐵的特性來顯示方向，司南便是中國古代辨別方向用的一種儀器。指南針讓人類前往更遠的地方探索，大大推動文明發展。

相傳最早的指南針在戰國時已出現。以下哪種工具是古代的指南針？請把它圈出來。

這是 司南 / 司北 ，是中國古代辨別方向用的一種儀器，也是現在所用指南針的始祖。

拒絕電子奶嘴

學習重點

- 認識使用電子產品的注意事項
- 反思自己使用電子產品的情況，培養健康的使用態度

哪些是使用電子產品的良好習慣？好的習慣，請把 👍 貼紙貼上；不好的習慣，請把 👎 貼紙貼上。

保持坐姿端正

連續看屏幕多於一小時

雙眼跟屏幕保持最少五十厘米

保持環境有充足光線

躺在牀上使用電話

定期伸展手部肌肉

總結

電子產品日趨普及，我們要多注意使用時的習慣和姿勢，避免影響手部肌肉和眼睛健康。過度使用電子產品會帶給我們各種壞處，所以要多多注意自己的使用情況，切勿沉迷。

你有過度使用電子產品嗎？請把你使用電子產品的情況記錄下來，在 □ 內加 ✓，並跟家人討論自己的表現。

品德小錦囊

我們要具備網絡素質，學會評估自己使用電子產品的情況，減低成癮的機會。

電子產品的情況

電子產品使用調查	有 / 沒有
1. 我每天使用電子產品超過三小時。	□ □
2. 我曾因為使用電子產品與父母爭執。	□ □
3. 我曾為了使用電子產品而放棄外出。	□ □
4. 我曾因為使用電子產品而減少睡眠時間。	□ □
5. 我曾向家人、朋友或師長隱瞞使用電子產品的時間。	□ □

如果你在以上其中 1 項中回答「有」，那你可能有過度使用電子產品的情況了！快跟爸媽商量如何面對電子產品成癮的問題！

練習 34

社區零障礙

學習重點

- 認識社區上的無障礙設施
- 認識無障礙設施的標誌

圖中有哪些無障礙設施呢？請把代表答案的字母填在相應的格子內。

A. 輪椅升降台　　B. 觸覺引路帶

C. 無障礙洗手間　　D. 觸覺地圖

總結

失明或肢體傷殘等殘疾人士，外出時可以利用社區上各種無障礙設施，便能自在地通往不同的地方。我們要尊重有不同需要的人，努力建立和諧共融的社會。

以下的標誌代表什麼意思？請連一連。

設有輔聽系統

歡迎導盲犬進入

設有暢通易達設施

品德小錦囊

我們要**尊重**社會上有不同需要的殘疾人士，努力建立和諧共融的社會。

我的志願

學習重點

- 分辨不同的職業
- 分享自己的志願，並設立目標

以下的專業人士從事什麼職業？請把適當的字詞貼紙貼在 [ ] 內。

我負責傳授知識，引導學生學習。

我是一名 [ ]。

我會幫助客人解決法律問題。

我是一名 [ ]。

我負責設計建築物，有時要監督施工的過程。

我是一名 [ ]。

我負責駕駛飛機。

我是一名 [ ]。

總結

人們從事不同的職業，需要有不同的知識和技能。為了將來能實現自己的夢想，我們可以訂立目標，並積極行動，好好裝備自己，未來就可以成為貢獻社會的一分子了。

你的志願是什麼？請設定目標，並選出有助實現目標的行動，在□內加✓。

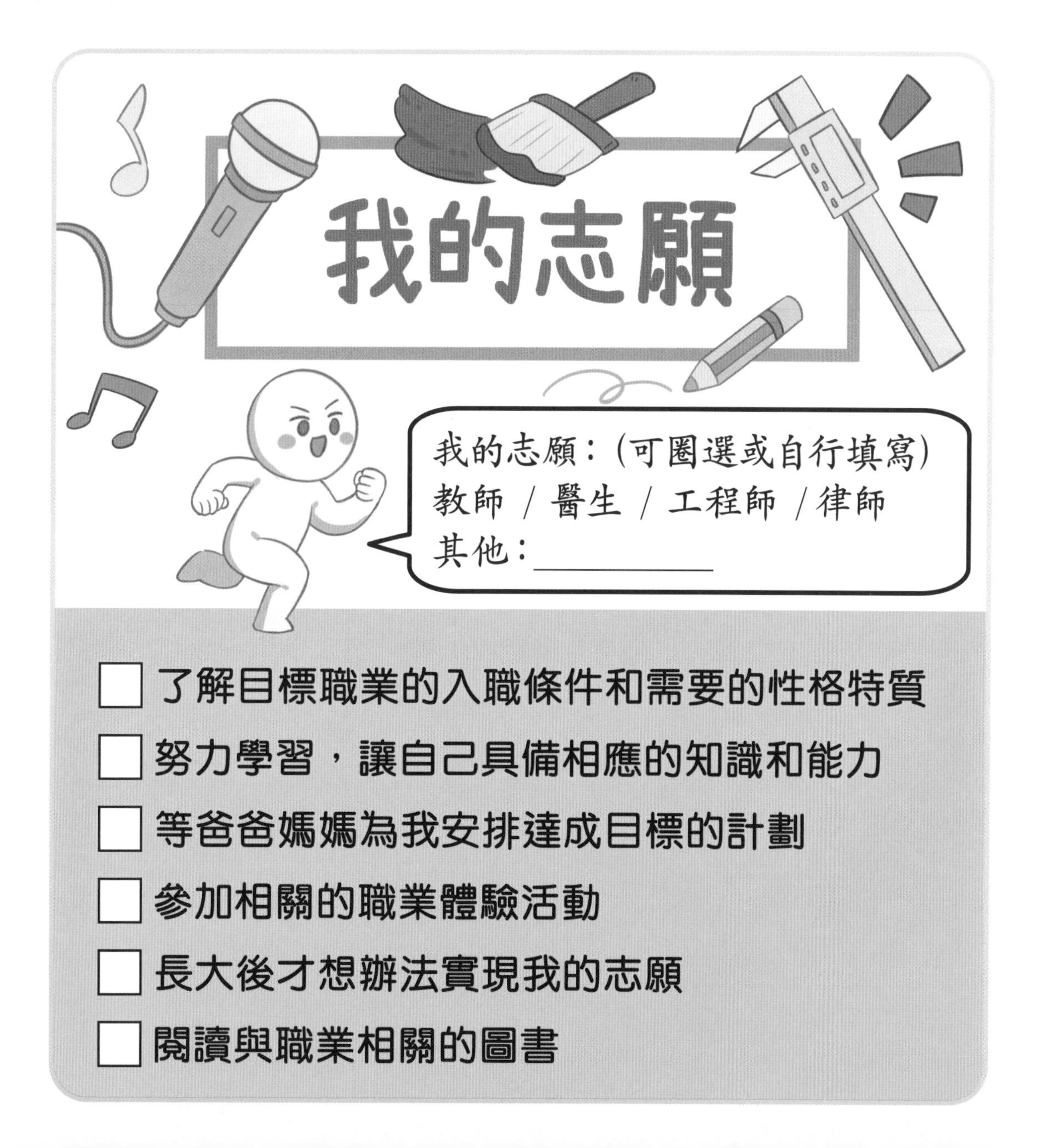

我的志願
我的志願：(可圈選或自行填寫)
教師 / 醫生 / 工程師 / 律師
其他：__________

- □ 了解目標職業的入職條件和需要的性格特質
- □ 努力學習，讓自己具備相應的知識和能力
- □ 等爸爸媽媽為我安排達成目標的計劃
- □ 參加相關的職業體驗活動
- □ 長大後才想辦法實現我的志願
- □ 閱讀與職業相關的圖書

練習 36

三大地域

學習重點

- 認識香港基本地域分區
- 辨別不同的地方所屬的區域

圖中三個部分屬於香港哪個區域？請把港島區域填上紅色；把九龍區域填上黃色；把新界區域填上綠色。

總結

香港的三大地域各有特色，其中九龍人口最稠密，商舖與住宅林立；香港島是政治和金融中心，有不少摩天大樓和歷史建築；新界除了有不少繁華的新市鎮外，還保留了許多自然與鄉郊景觀。

以下圖中的「香港之最」位於香港哪一個區域？請把代表答案的字母填在相應的格子內。

A. 港島區　　B. 九龍區　　C. 新界區

□

儲水量最大水庫：
萬宜水庫

□

最高建築物：
環球貿易廣場

□

面積最大公園：
大埔海濱公園

□

最早成立的大學：
香港大學

練習 37

本地一日遊

學習重點

- 認識不同的香港旅遊景點
- 分享自己曾到過或喜歡的香港景點

以下各個香港景點的名稱是什麼？請把圖片和字詞連一連。

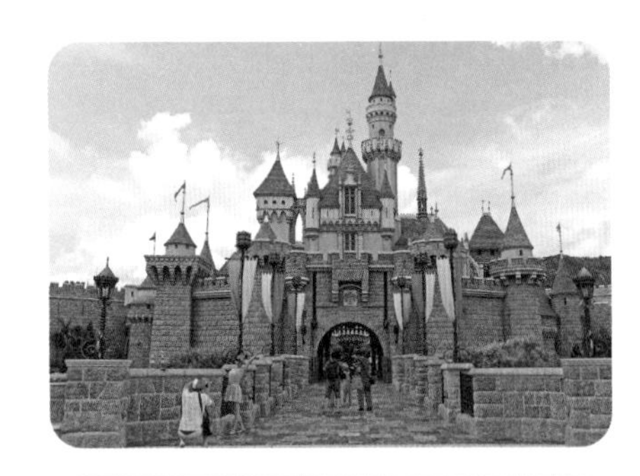 • • 天壇大佛

 • • 黃大仙祠

 • • 迪士尼樂園

 • • 青馬大橋

 • • 太平山頂

總結

香港是著名的旅遊勝地，各區有不同的景點，例如位於香港島的太平山頂、聳立大嶼山的天壇大佛、座落九龍鬧市中的黃大仙祠等。這些景點吸引不少本地居民和海外遊客到訪，值得我們引以自豪。

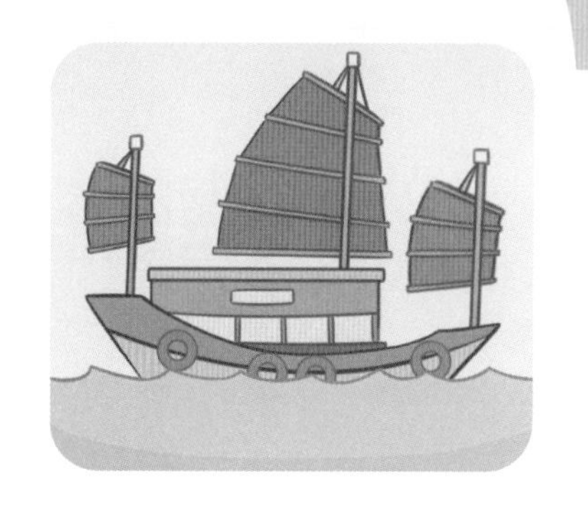

你去過哪些香港景點？你最喜歡哪個景點？請在旅遊日誌中貼上你曾去過的香港景點照片，或是畫上你最喜歡的景點，並完成表格。

旅遊日誌

景點名稱：________

它位於（香港島 / 九龍 / 新界）。

前往景點時，可以乘坐（巴士 / 港鐵 / 電車 / 其他：________）。

我覺得（請選出相應的情緒小圖填上顏色）：

練習 38

香港的名山

學習重點

- 認識香港的名山
- 分辨行山應攜帶的物品

以下香港的著名山峯叫什麼？請把代表答案的字母填在相應的格子內。

A. 大帽山　　B. 八仙嶺

C. 獅子山　　D. 鳳凰山

- 高度：海拔 957 米
- 位於新界中部
- 香港最高的山峯

- 高度：海拔 495 米
- 位於九龍與新界交界
- 外表像隻獅子

- 高度：海拔 591 米
- 位於新界東北的山脈
- 由八個山峯組成

- 高度：海拔 934 米
- 位於大嶼山
- 香港第二高的山峯

總結

香港有不少美麗的山峯，例如全港最高的山峯大帽山，外型像獅子般的獅子山等。我們行山前要做好準備，包括穿著便於活動及具保護性的淺色長袖衣褲和行山鞋，帶備足夠食水和乾糧等。

行山時，我們應該攜帶什麼物品？請把物品的貼紙貼在適當的框內。

應該攜帶 ✓	不應攜帶 ✗

練習 39

傳統美德（誠）

學習重點

- 學習誠實的行為
- 認識「誠」的故事

以下哪些是誠實的好行為？請判斷以下行為：誠實的，請在□內加 ✓；不誠實的，在□內加 ✗。

把失物交給警察

跟父母訛稱生病，讓他們關心自己

誇大吹噓自己的才能

承認自己犯的錯

偷看別人的日記

拒絕借功課給同學抄襲

總結

「誠」是指誠信，富有責任心及承擔精神，例如不對別人說謊、會遵守跟別人許下的承諾等。當一個有誠信的人，才會得到別人的尊敬和信賴呢！

你知道《宋濂借書》的故事嗎？請按故事的發展把以下圖片順序排列。

1 宋濂跟人借書，對方要他三日後歸還。

☐ 宋濂守承諾準時還書，得到別人的讚賞。

☐ 到了還書的日子，宋濂冒着大雪出門。

☐ 看不完書的宋濂只好把書抄下來看。

品德小錦囊

當一個**誠信**的人，能讓我們無愧地面對自己，也能與人建立互信，建立良好人際關係。

練習 40

傳統文化有意思

學習重點

- 認識象形文字
- 認識中國傳統樂器和藝術表演

中國漢字發展源遠流長，以下的象形文字是什麼意思？請連一連。

山　　日　　水　　人　　火

以下哪些是中國傳統樂器？請把它圈出來。

鋼琴

二胡

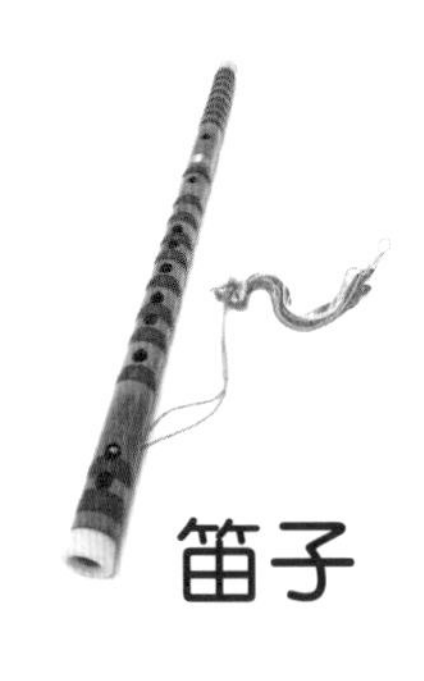

笛子

小提琴

琵琶

總結

中國歷史源遠流長，擁有豐富多姿的傳統文化。這些文化除了具備欣賞價值，亦傳承了不同時代的歷史，讓我們了解當時人們的生活情況、情感與思想，值得我們好好欣賞與學習。

以下圖中展示了哪些中國傳統表演藝術？請把代表答案的字母填在相應的格子內。

A. 戲曲　　B. 雜技　　C. 中國舞　　D. 皮影戲

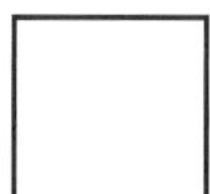

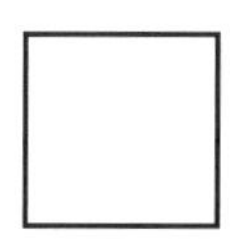

練習 41

磅礴的大河

學習重點

- 認識河流的貢獻
- 辨別中國的主要河流

河流對人類有哪些貢獻？請分辨出河流的作用，並在□內加 ✓。

□ 提供食水

□ 進行水力發電

□ 處理垃圾和污水

□ 提供運輸道路

□ 灌溉農田，生產糧食

□ 提供潔淨空氣

總結

中國擁有許多河流，河流有很多用處，例如為人們提供食水、用來灌溉農田，甚至發電等。我們要愛護河道，不要在河流裏傾倒污水和垃圾，也不應胡亂砍伐樹木，以免土壤流失，增加河流氾濫的機會。

以下兩條中國主要河流的名稱是什麼？請仔細閱讀介紹，並把適當的字詞貼紙貼在 [ ] 內。

我是 [ ] 。

我是世界第七長河流，有「中華文明搖籃」之稱。

我是 [ ] 。

我是世界第三長河流、亞洲最長河流，流域有大量水力發電站。

品德小錦囊

中國有很許多磅礴的大河，我們可以好好遊覽，培養國民身分認同。

練習 42

神舟飛船真厲害

學習重點

- 認識太空人的工作
- 認識中國首位太空人

太空人正在執行任務，他要完成哪項工作？請按照他的描述，用顏色筆畫出他的路線，並回到太空站裏。

我今天先到訓練場進行體能訓練，然後到實驗室進行太空實驗。完成後，我突然收到維修太空站的緊急任務。結束後，我便回到太空站的休息去。
太空實驗
清理太空垃圾
維修太空站
體能訓練

總結

太空人的職責是對太空進行研究與探索，為了應付各種任務，他們需要接受大量體能和專業訓練。中國 2003 年首次把太空人送上太空，成為航天發展史上的重要里程碑，也為未來的太空探索打好基礎。

思晴正參加有關中國航天知識的問答比賽，你會回答以下的題目嗎？請幫助她選出正確的答案，並在圈裏打 ✓。

1. 誰是中國第一位太空人？

楊利偉　　劉伯明　　劉洋

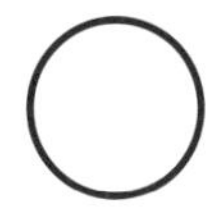 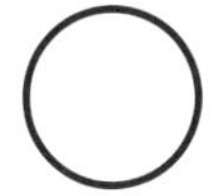 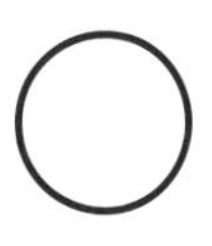

2. 第一位中國的太空人乘坐哪一艘載人飛船？

長征二號　　神舟五號　　嫦娥三號

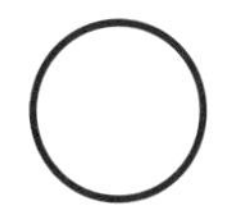 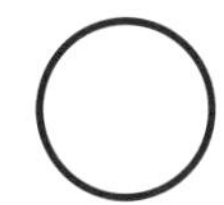 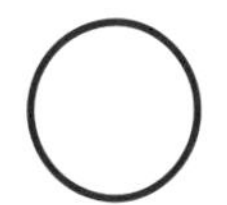

品德小錦囊

中國的航天科技發展迅速，豐碩成果教我們自豪，多認識能讓我們增強國家意識和**國民身分認同**。

練習 43

國與家，心連心

學習重點
- 認識國慶及香港回歸的日子
- 認識升旗禮步驟

中華人民共和國國慶日和香港特別行政區成立紀念日分別是在哪天？請在日曆上分別用紅色筆圈出國慶日；用藍色筆圈出特區成立紀念日。

7月 2024

Sunday	Monday	Tuesday	Wednesday	Thursday	Friday	Saturday
	1	2	3	4	5	6
7	8	9	10	11	12	13
14	15	16	17	18	19	20
21	22	23	24	25	26	27
28	29	30	31			

10月 2024

Sunday	Monday	Tuesday	Wednesday	Thursday	Friday	Saturday
		1	2	3	4	5
6	7	8	9	10	11	12
13	14	15	16	17	18	19
20	21	22	23	24	25	26
27	28	29	30	31		

總結

香港特區是中國的一部分，我們要多認識中國和香港特區的知識，例如重要節慶日期，國旗、區旗等象徵的意義等。我們也要尊重國家，了解參加升旗禮的應有禮儀。

升國旗儀式的意義在於通過情境薰陶，從而提升國家觀，培養**國民身分認同**。

舉行升旗禮的時候，我們要怎樣做？請按升旗禮的過程把以下圖片順序排列。

☐ 全體肅立。

☐ 奏唱國歌並升起旗子。

☐ 持旗手出旗，步操至旗桿下。

☐ 持旗手把旗子掛到旗座上。

練習 44

整裝待發出遊去

學習重點

- 學習出境旅行的準備
- 認識出境的程序

思晴即將要跟家人前往外地旅遊，她要帶些什麼？請閱讀思晴的話，並圈出她要攜帶的物品。

我們即將要到澳洲旅遊，當地的天氣炎熱，可是偶爾會下雨呢！

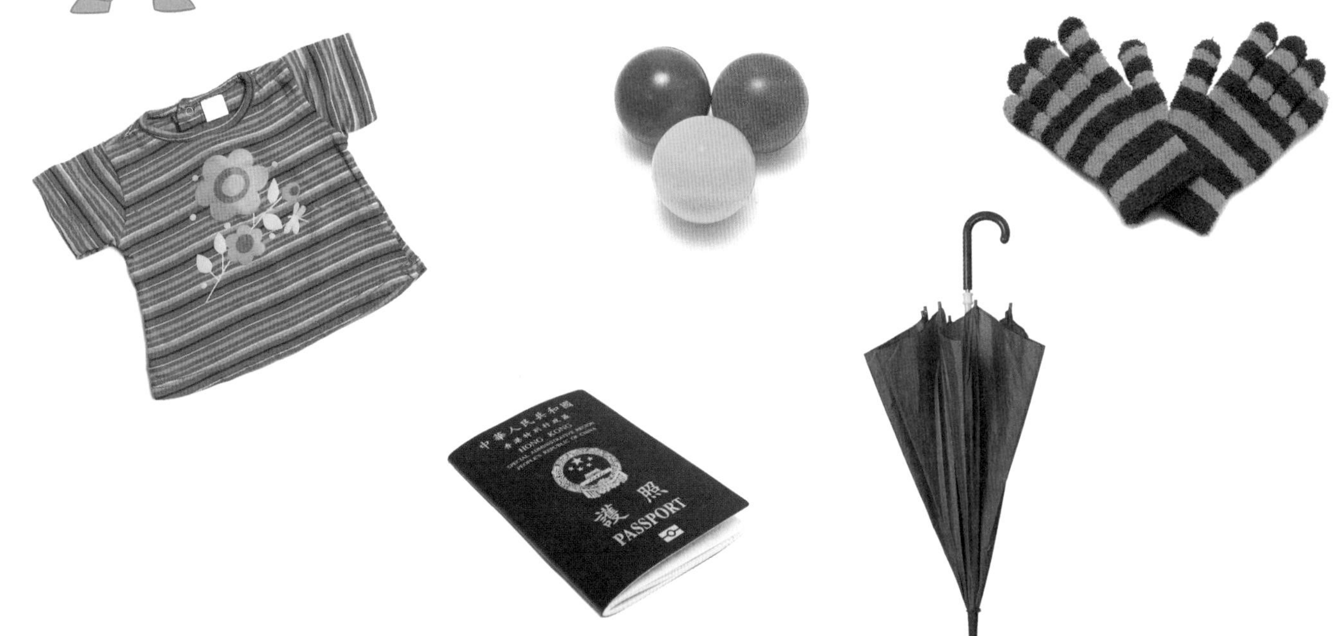

出國旅遊時要使用什麼社區設施？請在設施的□內加 ✓。

□ 機場

□ 郵局

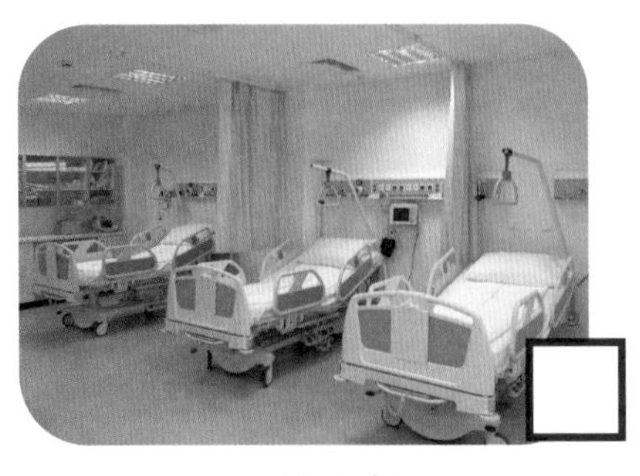

□ 醫院

總結

出國旅行可以增廣見聞，還可以享受不同的風景和美食。我們一般會乘搭飛機到其他國家去，出行前要先辦理登記手續，然後接受保安檢查和辦理出境手續。我們也記得要預備好需要的證件，包括護照和登機證等。

乘搭飛機前要經過什麼步驟？請按出境的程序把以下圖片順序排列。

☐ 到指定登機閘口輪候登機。

☐ 在航空公司櫃台登記，並託運行李。

☐ 接受保安檢查。

☐ 到出境檢查櫃台辦理出境手續。

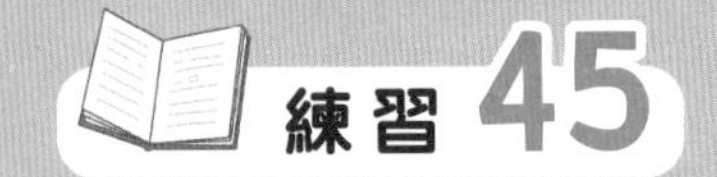

練習 45

世界不細小

學習重點

- 認識七大洲和五大洋
- 初步認識中國的地理位置

世界上的七大洲分別在哪裏？請把代表答案的字母填在相應的格子內。

A. 亞洲　B. 歐洲　C. 大洋洲　D. 非洲

E. 北美洲　F. 南美洲　G. 南極洲

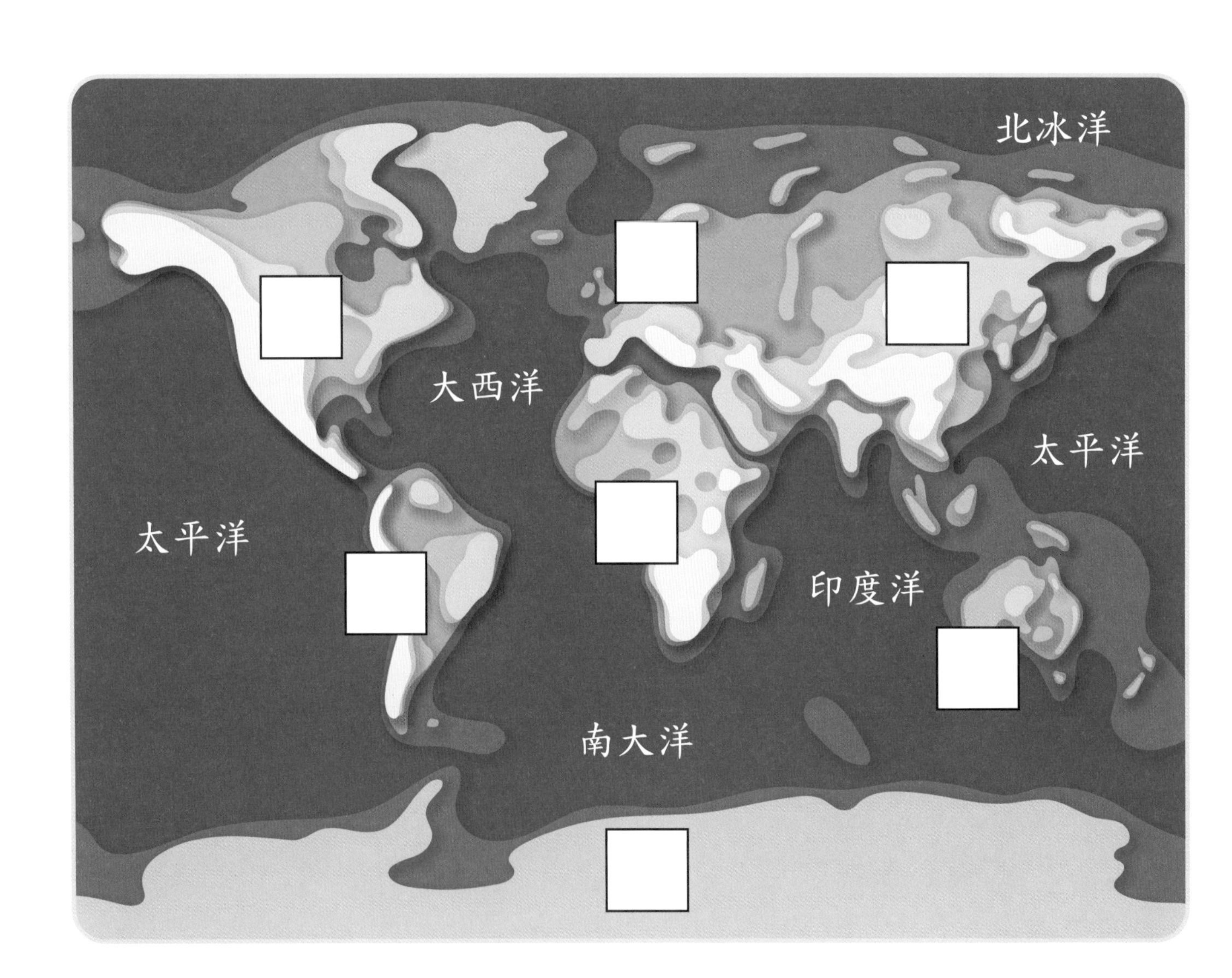

總結

地球上的陸地和海洋可以分為五大洋與七大洲，其中面積最大的大洋是太平洋，最小的是北冰洋；面積最大的大洲是亞洲，最小的是大洋洲。中國位於亞洲的東面，靠近太平洋，四周有許多不同的國家，例如俄羅斯、日本等。

爸爸正出題考思朗有關中國地理的知識，你會回答爸爸的題目嗎？請幫助思朗選出正確的答案，並在圈裏打✓。

1. 中國位於哪個洲？

非洲 

歐洲 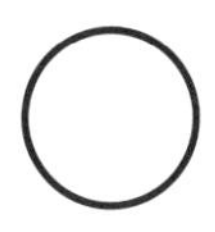

亞洲 

2. 中國的陸地與以下哪個國家相連？

俄羅斯 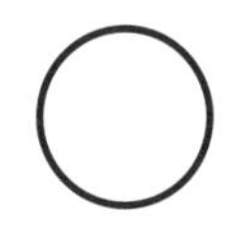

日本 

英國 

練習 46

出國旅遊要守禮

學習重點

- 認識其他國家風俗
- 學習旅行時應保持的禮儀

以下的各圖是來自哪個國家的風俗？請把代表答案的字母填在相應的格子內。

A. 新加坡　　B. 日本　　C. 韓國　　D. 印度

地鐵內保持安靜

不能吃口香糖

用右手跟人接觸

吃飯時把碗放在桌上

總結

不同的國家各自有不同的習俗和文化。我們去旅遊前，可以先學習當地的習俗，避免影響當地國民。旅遊時，我們要保持尊重有禮，遵守相關的規定。另外，我們也要注意保持環境整潔、愛護公物、不隨意餵飼野生動物，記得做個負責任的好旅客。

到外國旅遊時，我們哪些行為應該做，哪些行為不應該做？應該做的，請把 👍 貼紙貼上；不應該做的，請把 👎 填上顏色。

餵飼路邊的小動物

參與當地文化節日

隨意拍照

隨在物件或牆壁上塗鴉

學習總評估

1. 以下哪些東西屬於中國四大發明？請分辨出中國四大發明，並在□內加 ✓。

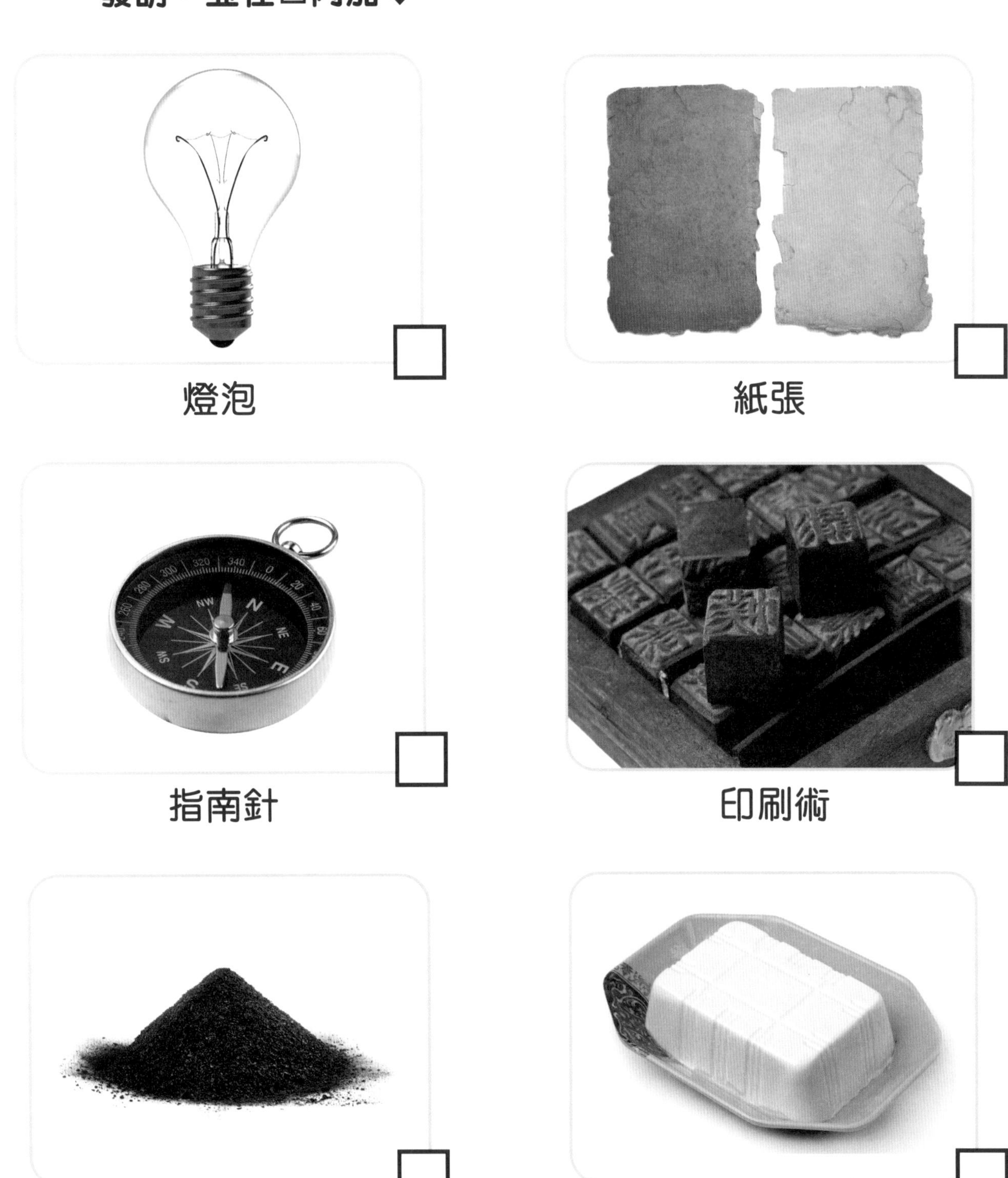

2. 以下各個香港景點的名稱是什麼？請把適當的字詞貼紙貼在 [ ] 內。

3. 行山時，我們應該攜帶什麼物品？請把它們圈出來。

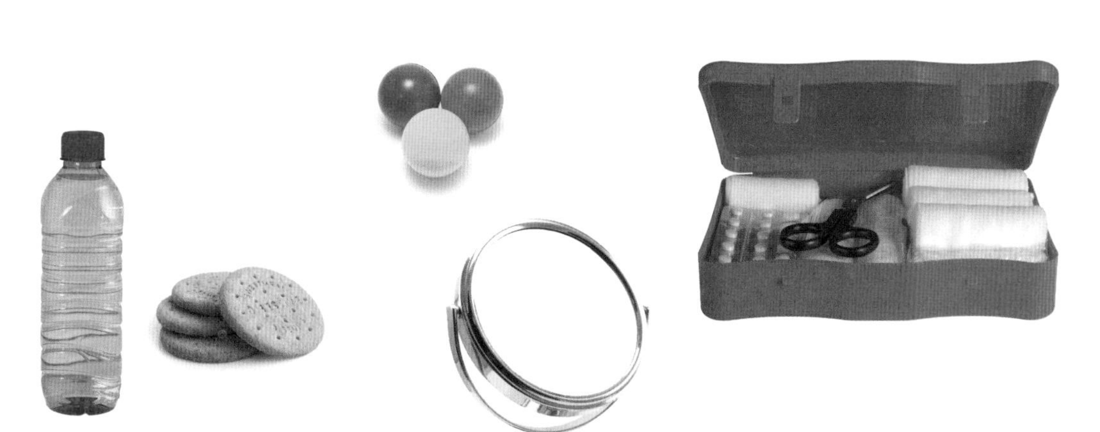

3. 以下恆星的名稱是什麼？請連一連。

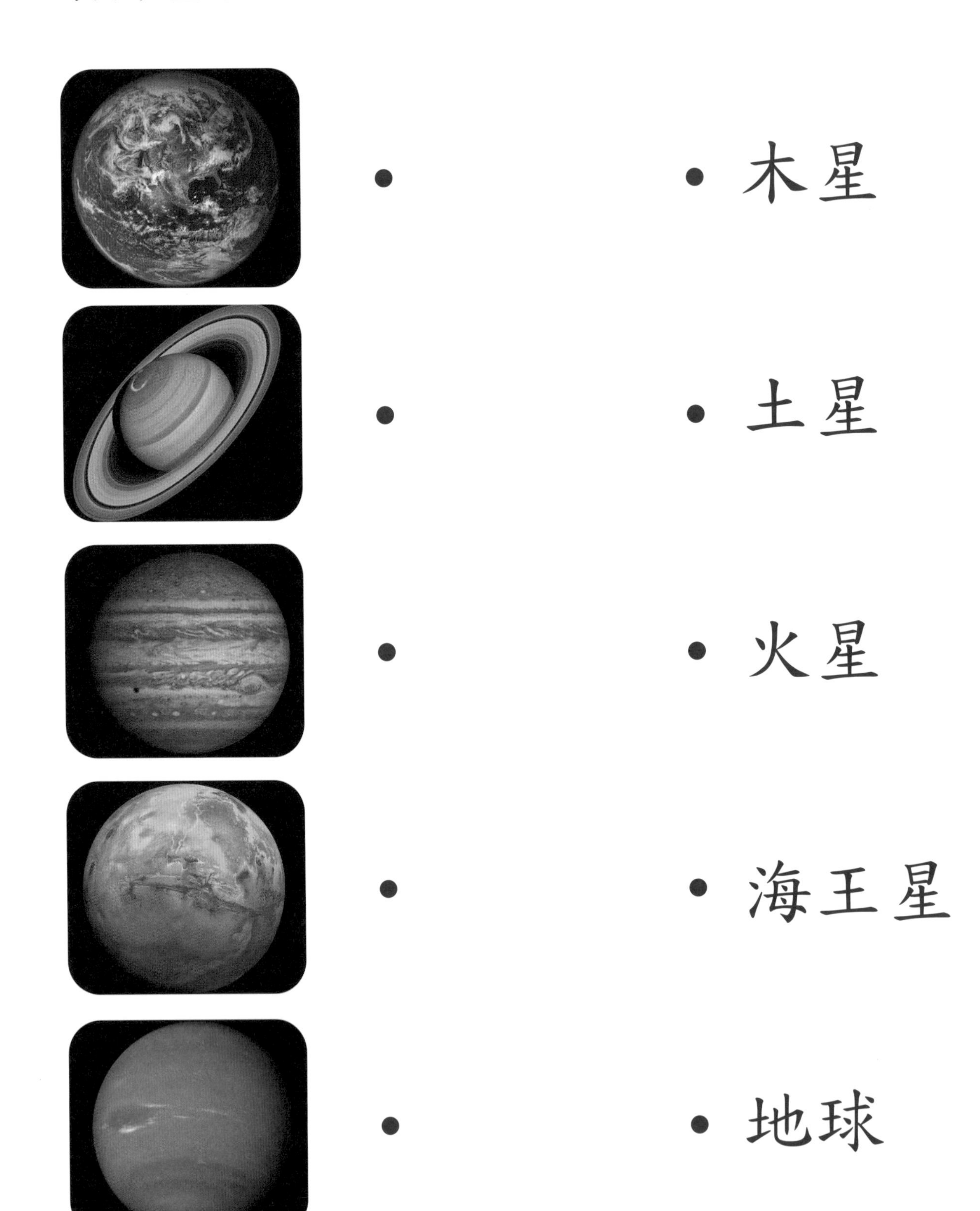

4. 舉行升旗禮的時候，我們要怎樣做？請按升旗禮的過程把以下圖片順序排列。

☐ 奏唱國歌並升起旗子。

☐ 全體肅立。

☐ 持旗手出旗，步操至旗桿下。

☐ 持旗手把旗子掛到旗座上。

5. 以下的國家位於哪個洲？請圈出正確的答案。

非洲 / 亞洲

歐洲 / 南美洲

親子實驗室

影子魔法

連結主題：光與影

為什麼我們的影子有時候很大，有時候很小呢？

想一想

你知道影子是怎樣產生的嗎？閱讀思晴的說明，了解一下吧。

影子是當光線被物體擋住時，出現在物體後面的黑暗區域。影子的形狀跟物體的形狀十分相似呢！

實驗 Start!

學習目標

- 觀察光源與物體之間的距離，與影子大小之間的關係
- 觀察光源與物體之間的方向，與影子位置之間的關係

準備材料

一枝手電筒
（或其他能發光的東西）

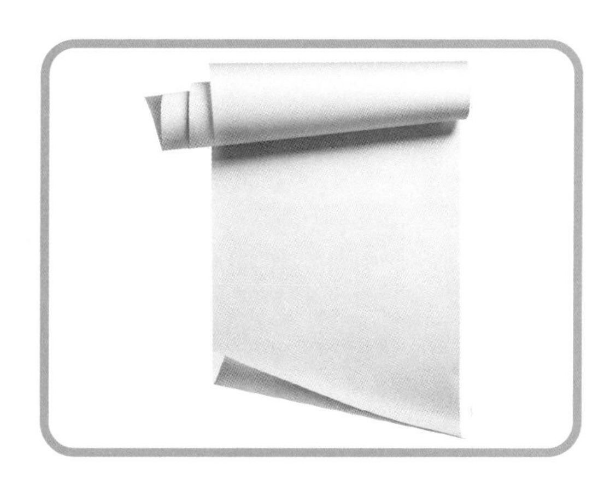

幾張白紙

一輛玩具車
（或其他能滾動的東西）

一枝筆

動手做

實驗 觀察影子的變化

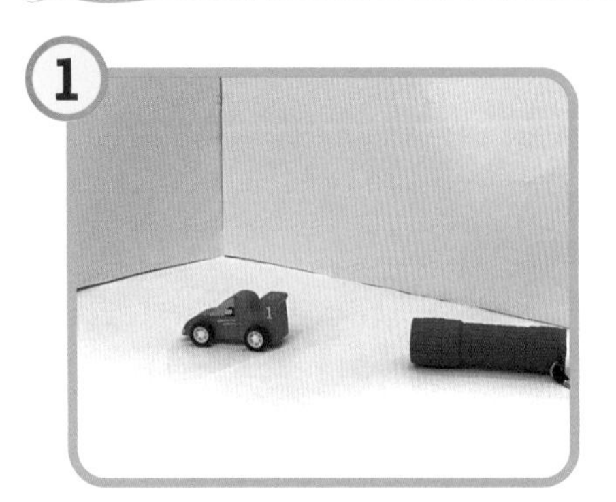

1 在牆壁和地板固定白紙，並把電筒指向白紙的方向。

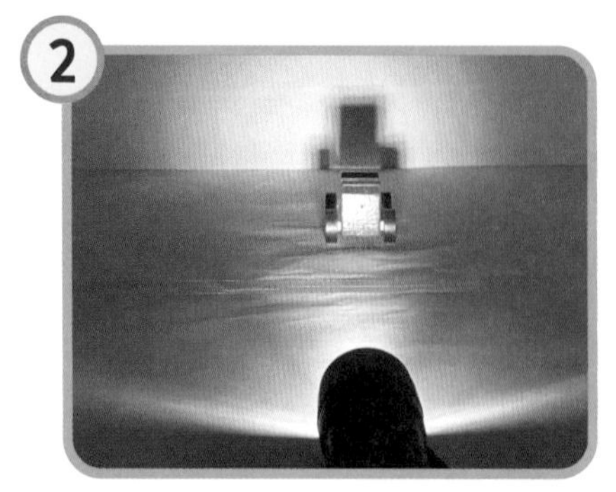

2 把玩具車放在光源和牆上的白紙之間，然後用筆記錄玩具車的位置。

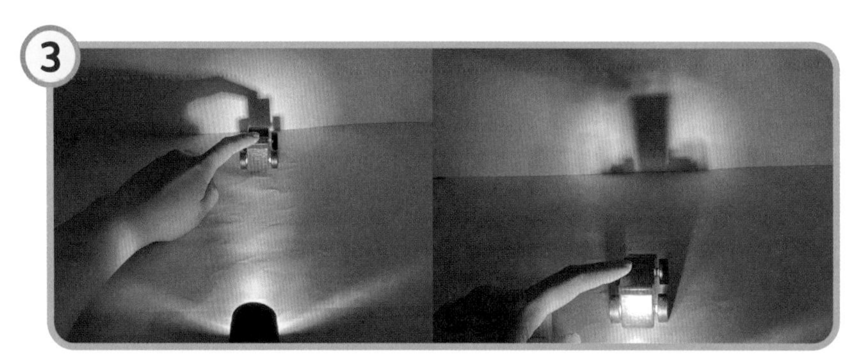

3 把玩具車推向前和後，然後在牆上的紙上記錄玩具車影子的變化。

觀察結果：

當玩具車接近電筒時，玩具車的影子會（變大／變小／沒有變化）。

當玩具車遠離電筒時，玩具車的影子會（變大／變小／沒有變化）。

把玩具車放回原位，並嘗試改變電筒的位置，然後觀察影子的變化。

把電筒放回原位，並嘗試改變玩具車的位置，然後觀察影子的變化。

觀察結果：

當電筒或玩具車的位置改變時，玩具車的影子會（改變／沒有變化）。

總結

從實驗可以得知，光線越接近物件，產生的影子會越大；越遠離物件，產生的影子會越小。物件往光源的左右移動時，影子也會隨之左右移動。

利用這些特點，我們可以創作不同的手影遊戲。古人還發明了名叫「日晷」的工具，能根據太陽在不同時間照射工具時所產生的影子位置，用來推測時間，真聰明呢！

答案頁

P.12

主題 24
瞬間看地球
學習重點
・認識地球上不同的自然風光
・進一步認識地球
地球上有哪些美麗的自然風光？請把自然風光的貼紙貼在適當的相框裏。
山峰
峽谷
河流
沙漠
12 主題 4：自然與地球

P.13

總結
地球是太陽系裏的一顆行星，它是一個球體，會自轉，也會圍繞太陽轉動，使地球上有日夜和四季的變化。地球上有不同的自然風光，包括高山、河流等，形成各種生態。
這些小朋友所說的地球知識正確嗎？正確的，請在圈裏打 ✓；不正確的，請在圈裏打 ×。
地球是位於宇宙裏的月亮系。
地球是一個球體。
地球會圍繞着太陽轉動。
13

P.14

P.15

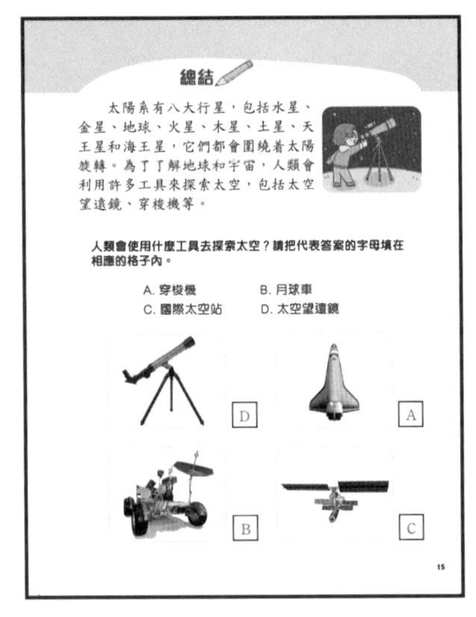

總結
太陽系有八大行星，包括水星、金星、地球、火星、木星、土星、天王星和海王星，它們都會圍繞着太陽旋轉。為了了解地球和宇宙，人類會利用許多工具來探索太空，包括太空望遠鏡、穿梭機等。
人類會使用什麼工具去探索太空？請把代表答案的字母填在相應的格子內。
A. 穿梭機
B. 月球車
C. 國際太空站
D. 太空望遠鏡
D
A
B
C
15

P.16

P.17

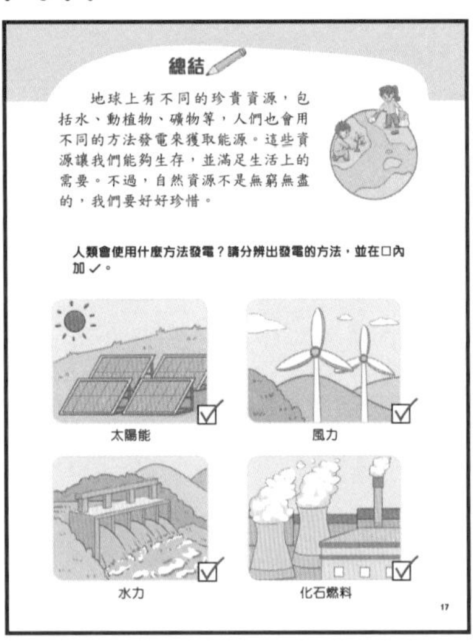

總結
地球上有不同的珍貴資源，包括水、動植物、礦物等，人們也會用不同的方法發電來獲取能源。這些資源讓我們能夠生存，並滿足生活上的需要。不過，自然資源不是無窮無盡的，我們要好好珍惜。
人類會使用什麼方法發電？請分辨出發電的方法，並在□內加 ✓。
太陽能
風力
水力
化石燃料
17

P.18

練習 27
地球生病了
學習重點
・認識生活中造成的污染
・認識減少污染的方法
以下圖中哪些地方出現污染？請把它們圈起來（提示：共5處）。
18 主題 4：自然與地球

P.19

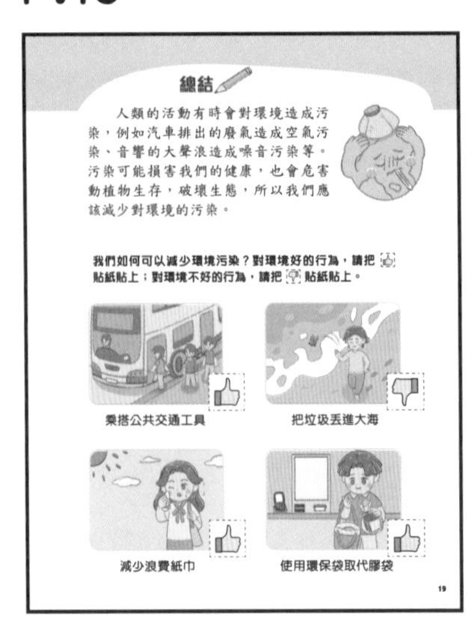

總結
人類的活動有時會對環境造成污染，例如汽車排出的廢氣造成空氣污染、音響的大聲浪造成噪音污染等。污染可能損害我們的健康，也會危害動植物生存，破壞生態，所以我們應該減少對環境的污染。
我們如何可以減少環境污染？對環境好的行為，請把 貼紙貼上；對環境不好的行為，請把 貼紙貼上。
乘搭公共交通工具
把垃圾丟進大海
減少浪費紙巾
使用環保袋取代膠袋
19

P.20

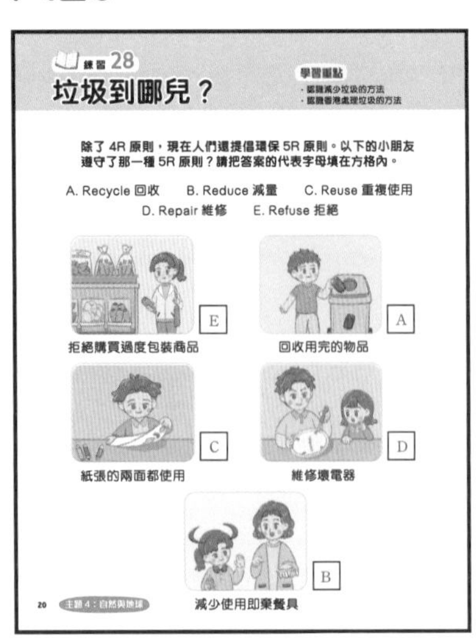

練習 28
垃圾到哪兒？
學習重點
・認識減少垃圾的方法
・認識香港處理垃圾的方法
除了 4R 原則，現在人們還提倡環保 5R 原則。以下的小朋友遵守了那一種 5R 原則？請把答案的代表字母填在方格內。
A. Recycle 回收
B. Reduce 減量
C. Reuse 重複使用
D. Repair 維修
E. Refuse 拒絕
E
拒絕購買過度包裝商品
A
回收用完的物品
C
紙張的兩面都使用
D
維修壞電器
B
減少使用即棄餐具
20 主題 4：自然與地球

P.21

總結
我們每天都製造大量垃圾，例如剩餘的食物、即棄塑膠餐具等。香港現時會以不同的方式處理垃圾，包括堆填和焚燒等。為了減輕對環境的負擔，我們應努力減少製造垃圾。
現時香港怎樣處理垃圾？請分辨出這些方法，並在□內加✓。
運送往其他國家回收
使用焚化爐燒燬
送往堆填區填海
在山上堆積

P.22

課習 29
飛行的故事
學習重點
・分辨海、陸、空的交通工具
・初步認識地心吸力
哪些交通工具能夠飛行，哪些會在陸地或海洋上行駛？請把交通工具的貼紙貼到適當的位置。

P.23

P.24

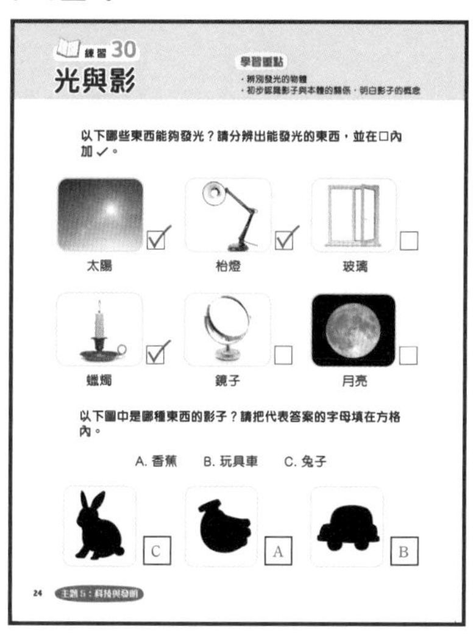

課習 30
光與影
學習重點
・辨別發光的物體
・初步認識影子與本體的關係，明白影子的概念
以下哪些東西能夠發光？請分辨出能發光的東西，並在□內加✓。
太陽
枱燈
玻璃
蠟燭
鏡子
月亮
以下圖中是哪種東西的影子？請把代表答案的字母填在方格內。
A. 香蕉 B. 玩具車 C. 兔子
C
A
B

P.25

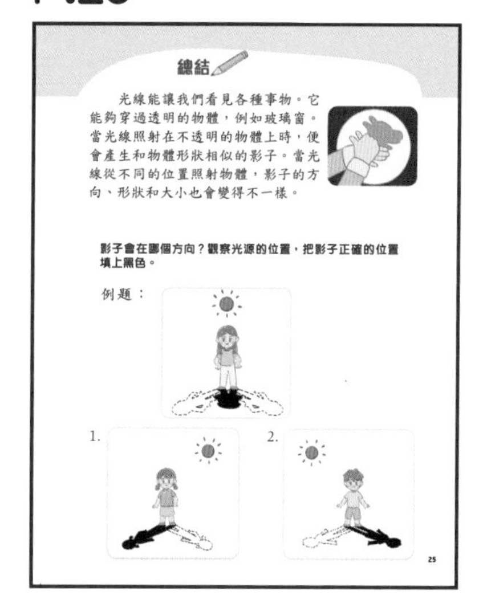

總結
光線能讓我們看見各種事物。它能夠穿過透明的物體，例如玻璃窗。當光線照射在不透明的物體上時，便會產生和物體形狀相似的影子。當光線從不同的位置照射物體，影子的方向、形狀和大小也會變得不一樣。
影子會在哪個方向？觀察光源的位置，把影子正確的位置填上黑色。
例題：
1.
2.

P.26

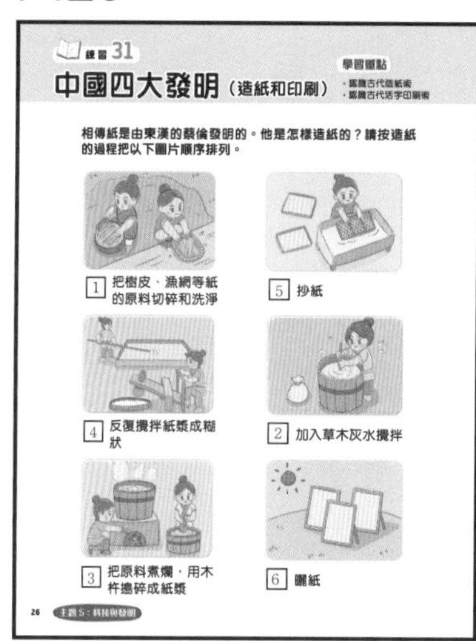

課習 31
中國四大發明（造紙和印刷）
學習重點
・認識古代造紙術
・認識古代活字印刷術
相傳紙是由東漢的蔡倫發明的。他是怎樣造紙的？請按造紙的過程把以下圖片順序排列。
1 把樹皮、漁網等紙的原料切碎和洗淨
5 抄紙
4 反復攪拌紙漿成糊狀
2 加入草木灰水攪拌
3 把原料煮爛，用木杵搗碎成紙漿
6 曬紙

P.27

總結
造紙術和印刷術都是中國古代四大發明之一。在古代，紙較甲骨和竹簡輕，能方便運送，有助傳播及保存知識，而印刷術能方便人們迅速大量印刷書籍，它們都是人類文化發展的重要發明。
相傳活字印刷是由北宋的畢昇發明的。圖中的漢字印刷模板會印刷出什麼字？請把適當的字詞貼紙貼在□內。
月
雨
天

P.28

課習 32
中國四大發明（火藥和指南針）
學習重點
・認識火藥的用途
・認識古代的指南針
相傳火藥是古代術士在煉丹的過程中意外發明的。火藥有什麼用途？請分辨出火藥的用途，並在□內加✓。
製作煙花
製作醫治寵物的藥物
製作開鑿隧道的炸藥
用作汽車的燃料
用作驅蚊劑
製作爆竹

P.29

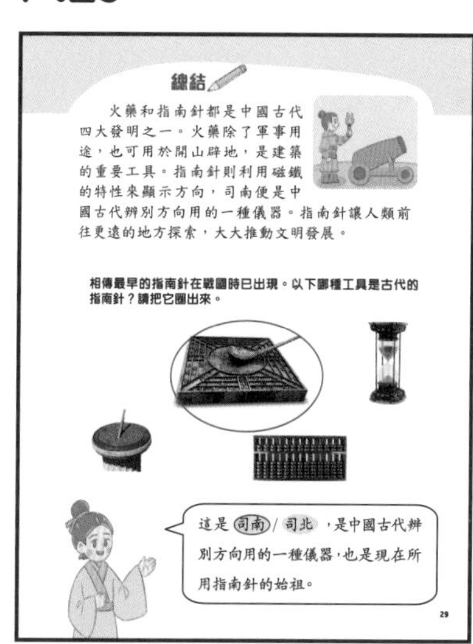

P.30

練習 33

拒絕電子奶嘴

學習重點

• 認識使用電子產品的注意事項
• 反思自己使用電子產品的情況，培養健康的使用態度

哪些是使用電子產品的良好習慣？好的習慣，請把 👍 貼紙貼上；不好的習慣，請把 👎 貼紙貼上。

保持坐姿端正 👍

連續看屏幕多於一小時 👎

雙眼跟屏幕保持最少五十厘米 👍

保持環境有充足光線 👍

躺在床上使用電話 👎

定期伸展手部肌肉 👍

30 主題 5：科技與發明

P.31（答案自由作答）

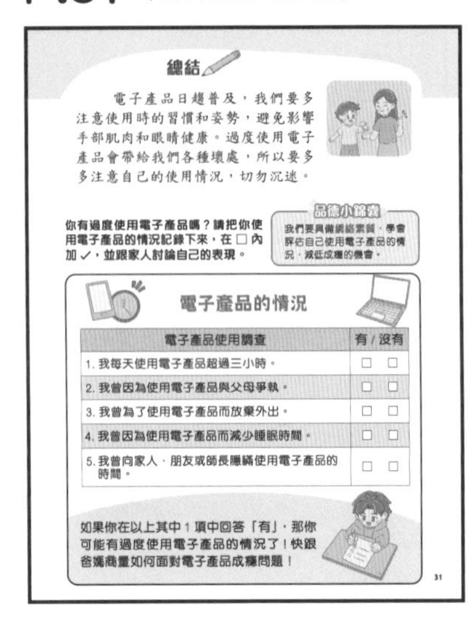
總結

電子產品日趨普及，我們要多注意使用時的習慣和姿勢，避免影響手部肌肉和眼睛健康。過度使用電子產品會帶給我們各種壞處，所以要多多注意自己的使用情況，切勿沉迷。

你有過度使用電子產品嗎？請把你使用電子產品的情況記錄下來，在□內加✓，並跟家人討論自己的表現。

品德小錦囊

我們要具備網絡素養，學會評估自己使用電子產品的情況，減低成癮的機會。

電子產品的情況

電子產品使用調查	有 / 沒有
1. 我每天使用電子產品超過三小時。	□ □
2. 我曾因為使用電子產品與父母爭執。	□ □
3. 我曾為了使用電子產品而放棄外出。	□ □
4. 我曾因為使用電子產品而減少睡眠時間。	□ □
5. 我曾向家人、朋友或師長隱瞞使用電子產品的時間。	□ □

如果你在以上其中 1 項中回答「有」，那你可能有過度使用電子產品的情況了！快跟爸媽商量如何面對電子產品成癮問題！

31

P.32

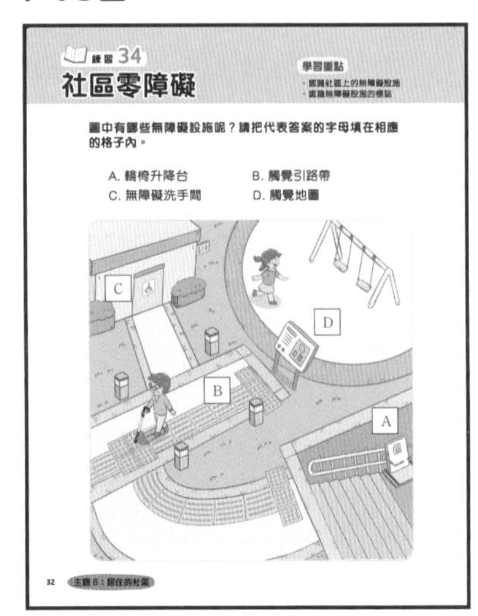
練習 34

社區零障礙

學習重點

• 認識社區上的無障礙設施
• 認識無障礙設施的標誌

圖中有哪些無障礙設施呢？請把代表答案的字母填在相應的格子內。

A. 輪椅升降台　B. 觸覺引路帶
C. 無障礙洗手間　D. 觸覺地圖

32 主題 6：居住的社區

P.33

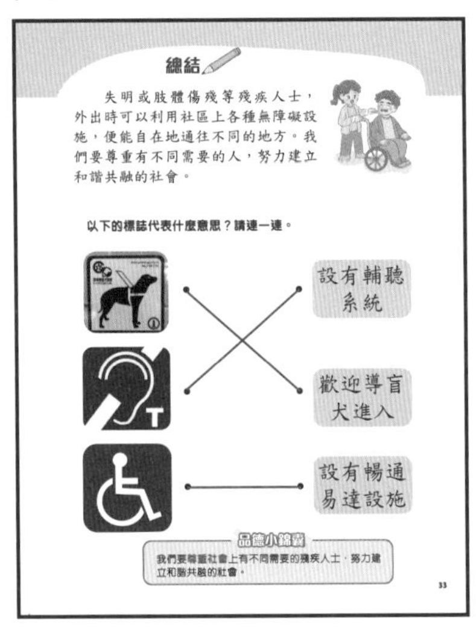
總結

失明或肢體傷殘等殘疾人士，外出時可以利用社區上各種無障礙設施，便能自在地通往不同的地方。我們要尊重有不同需要的人，努力建立和諧共融的社會。

以下的標誌代表什麼意思？請連一連。

品德小錦囊

我們要尊重社會上有不同需要的殘疾人士，努力建立和諧共融的社會。

33

P.34

練習 35

我的志願

學習重點

• 分辨不同的職業
• 分享自己的志願，並設立目標

以下的專業人士從事什麼職業？請把適當的字詞貼紙貼在　內。

我負責傳授知識，引導學生學習。我是一名 教師。

我會幫助客人解決法律問題。我是一名 律師。

我負責設計建築物，有時要監督施工的過程。我是一名 建築師。

我負責駕駛飛機。我是一名 飛機師。

34 主題 6：居住的社區

P.35

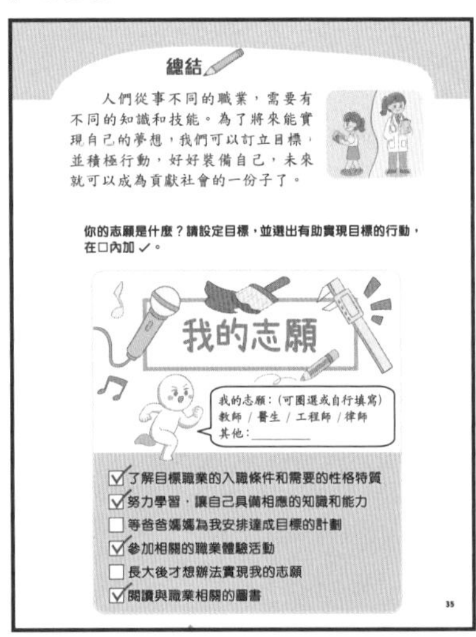
總結

人們從事不同的職業，需要有不同的知識和技能。為了將來能實現自己的夢想，我們可以訂立目標，並積極行動，好好裝備自己，未來就可以成為貢獻社會的一份子了。

你的志願是什麼？請設定目標，並選出有助實現目標的行動，在□內加✓。

我的志願

我的志願：（可圈選或自行填寫）
教師 / 醫生 / 工程師 / 律師
其他：________

☑ 了解目標職業的入職條件和需要的性格特質
☑ 努力學習，讓自己具備相應的知識和能力
□ 等爸爸媽媽為我安排達成目標的計劃
☑ 參加相關的職業體驗活動
□ 長大後才想辦法實現我的志願
☑ 閱讀與職業相關的圖書

35

P.36

練習 36

三大地域

學習重點

• 認識香港基本地域分區
• 辨別不同的地方所屬的區域

圖中三個部分屬於香港哪個區域？請把港島區域填上紅色；把九龍區域填上黃色；把新界區域填上綠色。

36 主題 6：居住的社區

P.37

總結

香港的三大地域各有特色，其中九龍人口最稠密，商舖與住宅林立；香港島是政治和金融中心，有不少摩天大樓和歷史建築；新界除了有不少繁華的新市鎮外，還保留了許多自然與鄉郊景觀。

以下圖中的「香港之最」位於香港哪一個區域？請把代表答案的字母填在相應的格子內。

A. 港島區　B. 九龍區　C. 新界區

C 儲水量最大水庫：萬宜水庫

A 最高建築物：環球貿易廣場

C 面積最大公園：大埔海濱公園

A 最早成立的大學：香港大學

37

P.38

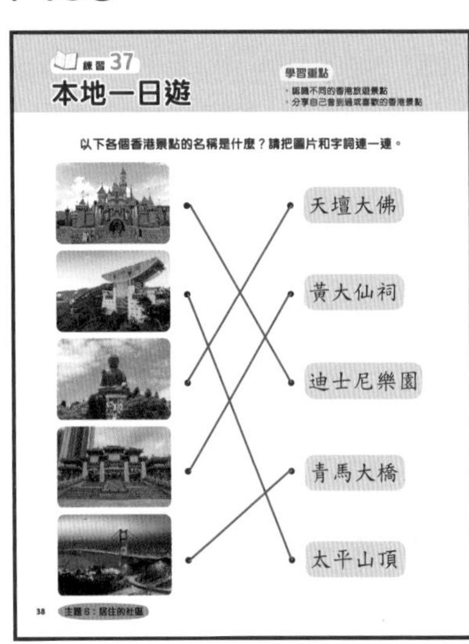
練習 37

本地一日遊

學習重點

• 認識不同的香港旅遊景點
• 分享自己到過或喜歡的香港景點

以下各個香港景點的名稱是什麼？請把圖片和字詞連一連。

38 主題 6：居住的社區

P.39（答案自由作答）

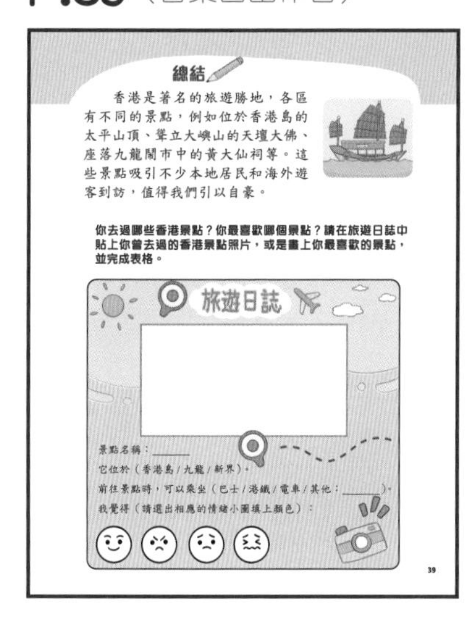

總結

香港是著名的旅遊勝地，各區有不同的景點，例如位於香港島的太平山頂、聳立大嶼山的天壇大佛、座落九龍關市中的黃大仙祠等。這些景點吸引不少本地居民和海外遊客到訪，值得我們引以自豪。

你去過哪些香港景點？你最喜歡哪個景點？請在旅遊日誌中貼上你曾去過的香港景點照片，或是畫上你最喜歡的景點，並完成表格。

旅遊日誌

景點名稱：＿＿＿＿

它位於（香港島／九龍／新界）。

前往景點時，可以乘坐（巴士／港鐵／電車／其他：＿＿＿＿）。

我覺得（請選出相應的情緒小圖填上顏色）：

39

P.40

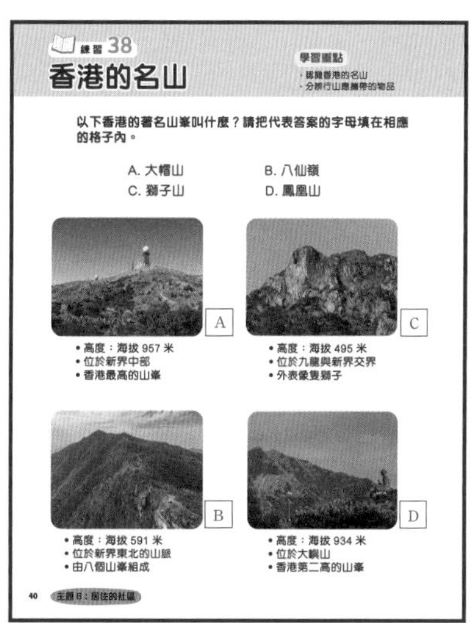

練習 38

香港的名山

學習重點
- 認識香港的名山
- 分辨行山應攜帶的物品

以下香港的著名山峯叫什麼？請把代表答案的字母填在相應的格子內。

A. 大帽山　B. 八仙嶺

C. 獅子山　D. 鳳凰山

A
- 高度：海拔 957 米
- 位於新界中部
- 香港最高的山峯

C
- 高度：海拔 495 米
- 位於九龍與新界交界
- 外表像隻獅子

B
- 高度：海拔 591 米
- 位於新界東北的山嶺
- 由八個山峯組成

D
- 高度：海拔 934 米
- 位於大嶼山
- 香港第二高的山峯

40　主題 6：居住的社區

P.41

總結

香港有不少美麗的山峯，例如全港最高的山峯大帽山，外型像獅子般的獅子山等。我們行山前要做好準備，包括穿著便於活動及具保護性的淺色長袖衣褲和行山鞋，帶備足夠食水和乾糧等。

行山時，我們應該攜帶什麼物品？請把物品的貼紙貼在適當的框內。

應該攜帶 ✓　不應攜帶 ✗

41

P.42

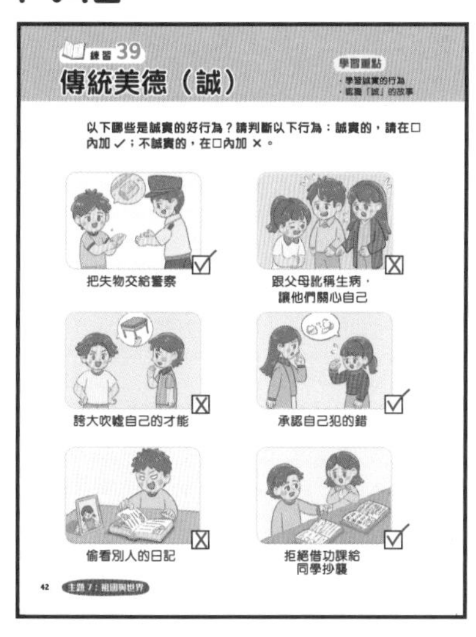

練習 39

傳統美德（誠）

學習重點
- 學習誠實的行為
- 認識「誠」的故事

以下哪些是誠實的好行為？請判斷以下行為：誠實的，請在□內加 ✓；不誠實的，在□內加 ✗。

把失物交給警察 ✓

跟父母說稱生病，讓他們關心自己 ✗

誇大吹噓自己的才能 ✗

承認自己犯的錯 ✓

偷看別人的日記 ✗

拒絕借功課給同學抄襲 ✓

42　主題 7：祖國與世界

P.43

總結

「誠」是指誠信，富有責任心及承擔精神，例如不對別人說謊、會遵守跟別人許下的承諾等。當一個有誠信的人，才會得到別人的尊敬和信賴呢！

你知道《宋濂借書》的故事嗎？請按故事的發展把以下圖片順序排列。

1 宋濂跟人借書，對方要他三日後歸還。

4 宋濂守承諾準時還書，得到別人的讚賞。

3 到了還書的日子，宋濂冒着大雪出門。

2 看不完書的宋濂只好把書抄下來看。

品德小錦囊

當一個誠信的人，能讓我們無愧地面對自己，也能與人建立互信，建立良好人際關係。

43

P.44

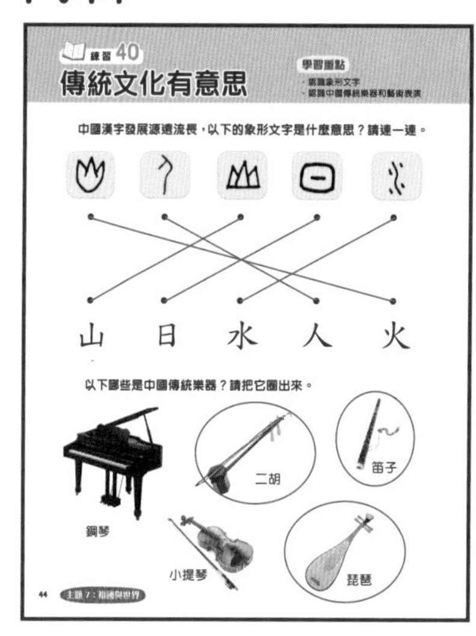

練習 40

傳統文化有意思

學習重點
- 認識象形文字
- 認識中國傳統樂器和藝術表演

中國漢字發展源遠流長，以下的象形文字是什麼意思？請連一連。

山　日　水　人　火

以下哪些是中國傳統樂器？請把它圈出來。

鋼琴　二胡　笛子　小提琴　琵琶

44　主題 7：祖國與世界

P.45

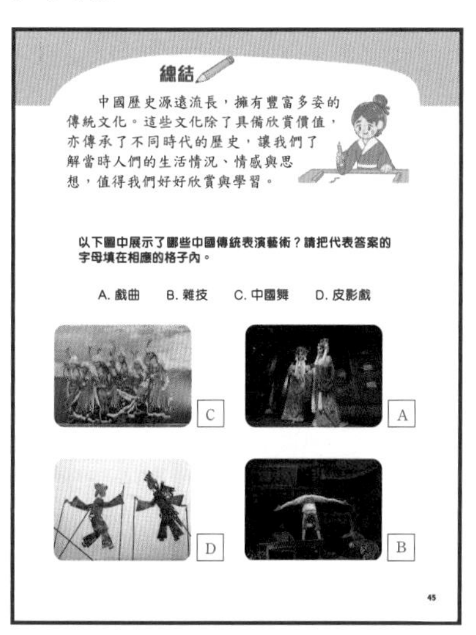

總結

中國歷史源遠流長，擁有豐富多姿的傳統文化。這些文化除了具備欣賞價值，亦傳承了不同時代的歷史，讓我們了解當時人們的生活情況、情感與思想，值得我們好好欣賞與學習。

以下圖中展示了哪些中國傳統表演藝術？請把代表答案的字母填在相應的格子內。

A. 戲曲　B. 雜技　C. 中國舞　D. 皮影戲

C　A

D　B

45

P.46

練習 41

磅礴的大河

學習重點
- 認識河流的貢獻
- 辨別中國的主要河流

河流對人類有哪些貢獻？請分辨出河流的作用，並在□內加 ✓。

提供食水 ✓

進行水力發電 ✓

處理垃圾和污水 □

提供運輸道路 ✓

灌溉農田，生產糧食 ✓

提供潔淨空氣 □

46　主題 7：祖國與世界

P.47

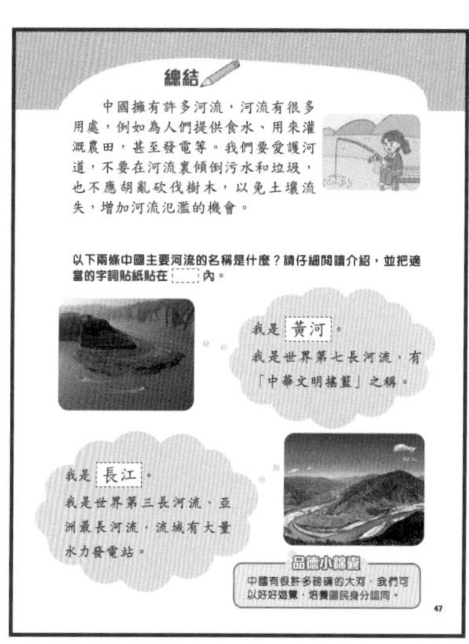

總結

中國擁有許多河流，河流有很多用處，例如為人們提供食水、用來灌溉農田，甚至發電等。我們要愛護河道，不要在河流裏傾倒污水和垃圾，也不應胡亂砍伐樹木，以免土壤流失，增加河流氾濫的機會。

以下兩條中國主要河流的名稱是什麼？請仔細閱讀介紹，並把適當的字詞貼紙貼在 ⬚ 內。

我是 黃河。我是世界第七長河流，有「中華文明搖籃」之稱。

我是 長江。我是世界第三長河流，亞洲最長河流，流域有大量水力發電站。

品德小錦囊

中國有很多磅礴的大河，我們可以好好認識，培養國民身分認同。

47

P.48

練習 42

神舟飛船真厲害

學習重點
- 認識太空人的工作
- 認識中國首位太空人

太空人正在執行任務，他要完成哪項工作？請按照他的描述，用顏色筆畫出他的路線，並回到太空站裏。

我今天先到訓練場進行體能訓練，然後到實驗室進行太空實驗。完成後，我突然收到維修太空站的緊急任務。結束後，我便回到太空站的休息去。
太空實驗
清理太空垃圾
維修太空站
體能訓練

P.49

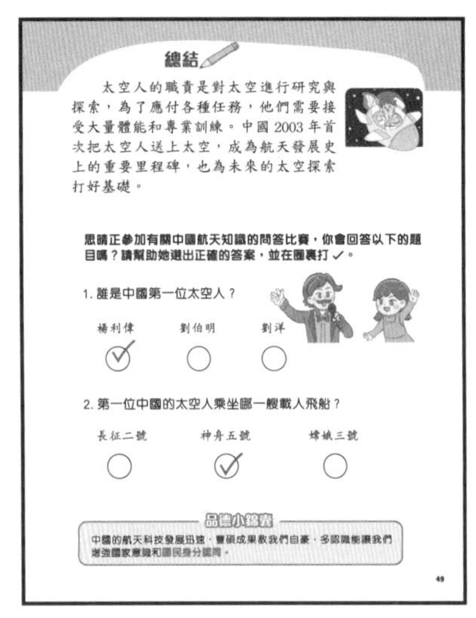

總結

太空人的職責是對太空進行研究與探索，為了應付各種任務，他們需要接受大量體能和專業訓練。中國 2003 年首次把太空人送上太空，成為航天發展史上的重要里程碑，也為未來的太空探索打好基礎。

思晴正參加有關中國航天知識的問答比賽，你會回答以下的題目嗎？請幫助她選出正確的答案，並在圈裏打 ✓。

1. 誰是中國第一位太空人？

楊利偉 ✓　劉伯明　劉洋

2. 第一位中國的太空人乘坐哪一艘載人飛船？

長征二號　神舟五號 ✓　嫦娥三號

品德小錦囊

中國的航天科技發展迅速，豐碩成果教我們自豪，多認識能讓我們增強國家意識和國民身分認同。

P.50

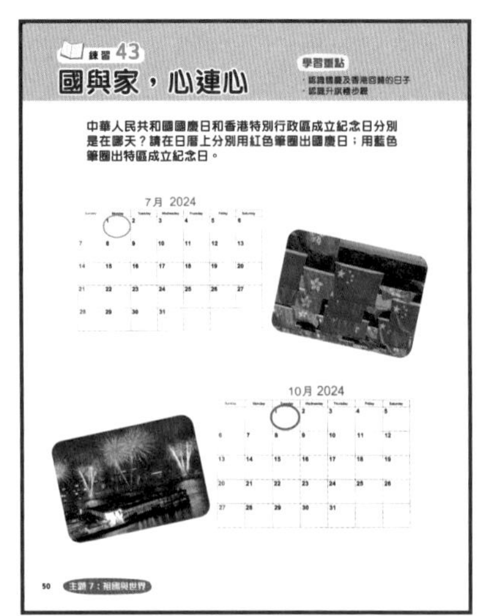

練習 43

國與家，心連心

學習重點
- 認識國慶及香港回歸的日子
- 認識升旗禮步驟

中華人民共和國國慶日和香港特別行政區成立紀念日分別是在哪天？請在日曆上分別用紅色筆圈出國慶日；用藍色筆圈出特區成立紀念日。

7月 2024
10月 2024

P.51

總結

香港特區是中國的一部分，我們要多認識中國和香港特區的知識，例如重要節慶日期，國旗、區旗等象徵的意義等。我們也要尊重國家，了解參加升旗禮的應有禮儀。

品德小錦囊

升國旗儀式的意義在於通過儀式熏陶，使而提升國家觀，培養國民身分認同。

舉行升旗禮的時候，我們要怎樣做？請按升旗禮的過程把以下圖片順序排列。

1 全體肅立。
4 奏唱國歌並升起旗子。
2 持旗手出旗，步操至旗桿下。
3 持旗手把旗子掛到旗座上。

P.52

練習 44

整裝待發出遊去

學習重點
- 學習出境旅行的準備
- 認識出境的程序

思晴即將要跟家人前往外地旅遊，她要帶些什麼？請閱讀思晴的話，並圈出她要攜帶的物品。

我們即將要到澳洲旅遊，當地的天氣炎熱，可是偶爾會下雨呢！

出國旅遊時要使用什麼社區設施？請在設施的□內加 ✓。

機場 ✓　郵局　醫院

P.53

總結

出國旅行可以增廣見聞，還可以享受不同的風景和美食。我們一般會乘搭飛機到其他國家去，出門前要先辦理登記手續，然後接受保安檢查和辦理出境手續。我們也記得要預備好需要的證件，包括護照和登機證等。

乘搭飛機前要經過什麼步驟？請按出境的程序把以下圖片順序排列。

4 到指定登機閘口輪候登機。
1 在航空公司櫃台登記，並託運行李。
2 接受保安檢查。
3 到出境檢查櫃台辦理出境手續。

P.54

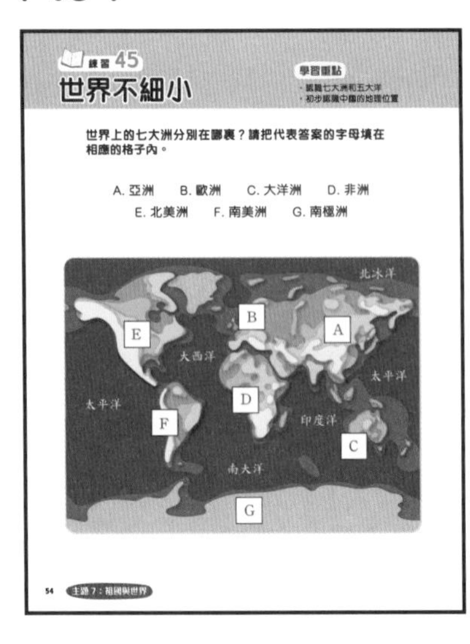

練習 45

世界不細小

學習重點
- 認識七大洲和五大洋
- 初步認識中國的地理位置

世界上的七大洲分別在哪裏？請把代表答案的字母填在相應的格子內。

A. 亞洲　B. 歐洲　C. 大洋洲　D. 非洲
E. 北美洲　F. 南美洲　G. 南極洲

北冰洋
大西洋
太平洋
太平洋
印度洋
南大洋
E
B
A
D
F
C
G

P.55

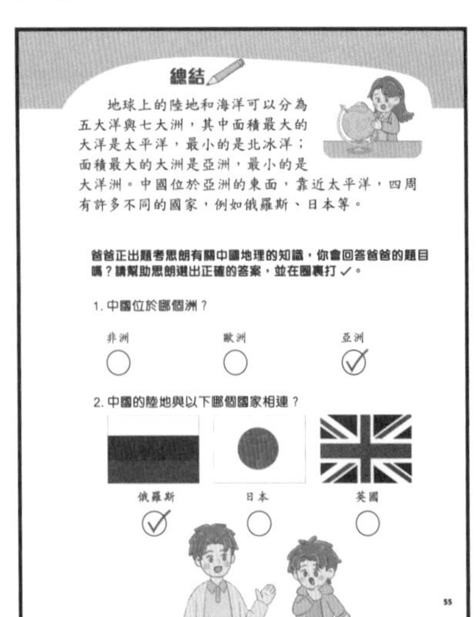

總結

地球上的陸地和海洋可以分為五大洋與七大洲，其中面積最大的大洋是太平洋，最小的是北冰洋；面積最大的大洲是亞洲，最小的是大洋洲。中國位於亞洲的東面，靠近太平洋，四周有許多不同的國家，例如俄羅斯、日本等。

爸爸正出題考思朗有關中國地理的知識，你會回答爸爸的題目嗎？請幫助思朗選出正確的答案，並在圈裏打 ✓。

1. 中國位於哪個洲？

非洲　歐洲　亞洲 ✓

2. 中國的陸地與以下哪個國家相連？

俄羅斯 ✓　日本　英國

P.56

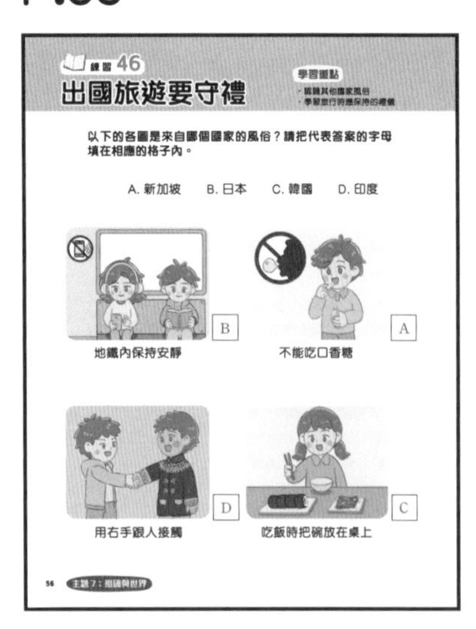

練習 46

出國旅遊要守禮

學習重點
- 認識其他國家風俗
- 學習旅行時應保持的禮儀

以下的各圖是來自哪個國家的風俗？請把代表答案的字母填在相應的格子內。

A. 新加坡　B. 日本　C. 韓國　D. 印度

地鐵內保持安靜 B
不能吃口香糖 A
用右手跟人接觸 D
吃飯時把碗放在桌上 C

P.57

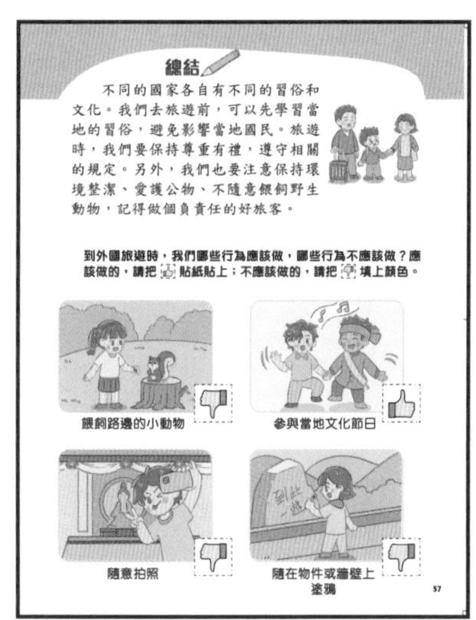

總結

不同的國家各自有不同的習俗和文化。我們去旅遊前，可以先學習當地的習俗，避免影響當地國民。旅遊時，我們要保持尊重有禮，遵守相關的規定。另外，我們也要注意保持環境整潔、愛護公物、不隨意餵飼野生動物，記得做個負責任的好旅客。

到外國旅遊時，我們哪些行為應該做，哪些行為不應該做？應該做的，請把 貼紙貼上；不應該做的，請把 填上顏色。

餵飼路邊的小動物

參與當地文化節日

隨意拍照

隨在物件或牆壁上塗鴉

57

P.58

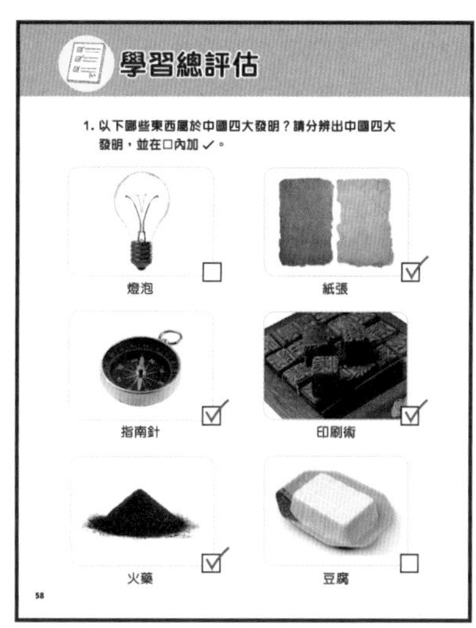

學習總評估

1. 以下哪些東西屬於中國四大發明？請分辨出中國四大發明，並在□內加 ✓。

燈泡 □

紙張 ☑

指南針 ☑

印刷術 ☑

火藥 ☑

豆腐 □

58

P.59

2. 以下各個香港景點的名稱是什麼？請把適當的字詞貼紙貼內 。

天壇大佛

太平山頂

黃大仙祠

青馬大橋

3. 行山時，我們應該攜帶什麼物品？請把它們圈出來。

59

P.60

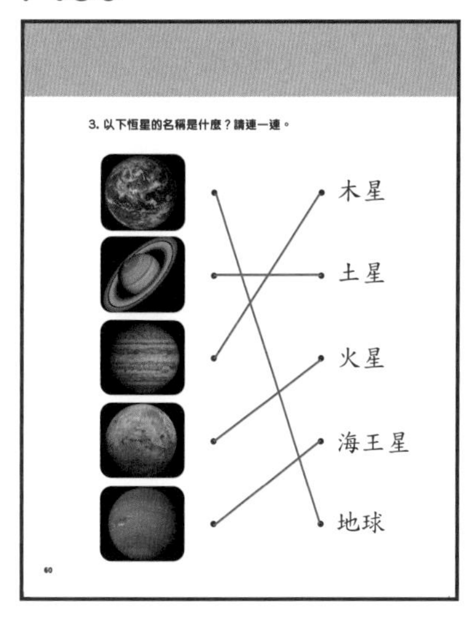

3. 以下恒星的名稱是什麼？請連一連。

木星

土星

火星

海王星

地球

60

P.61

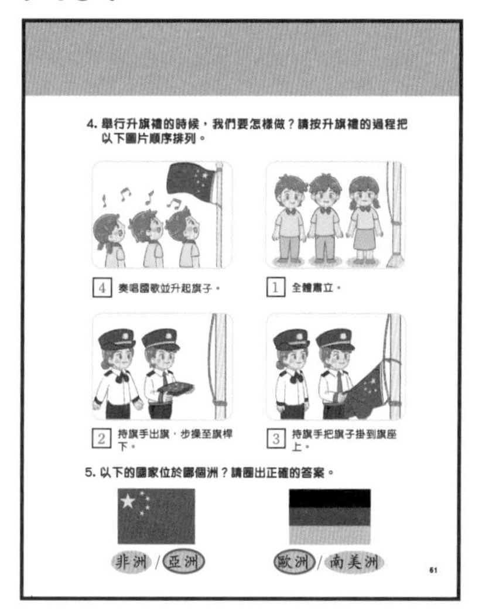

4. 舉行升旗禮的時候，我們要怎樣做？請按升旗禮的過程把以下圖片順序排列。

4 奏唱國歌並升起旗子。

1 全體肅立。

2 持旗手出旗，步操至旗桿下。

3 持旗手把旗子掛到旗座上。

5. 以下的國家位於哪個洲？請圈出正確的答案。

非洲 / 亞洲

歐洲 / 南美洲

61

P.64

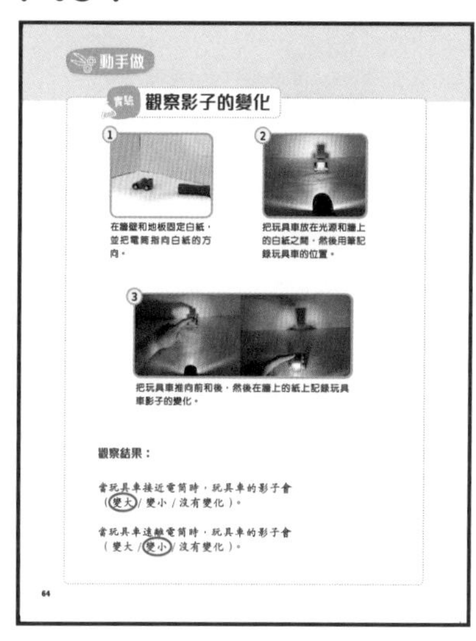

動手做

實驗 觀察影子的變化

① 在牆壁和地板固定白紙，並把電筒指向白紙的方向。

② 把玩具車放在光源和牆上的白紙之間，然後用筆記錄玩具車的位置。

③ 把玩具車推向前和後，然後在牆上的紙上記錄玩具車影子的變化。

觀察結果：

當玩具車接近電筒時，玩具車的影子會（變大 / 變小 / 沒有變化）。

當玩具車遠離電筒時，玩具車的影子會（變大 / 變小 / 沒有變化）。

64

P.65

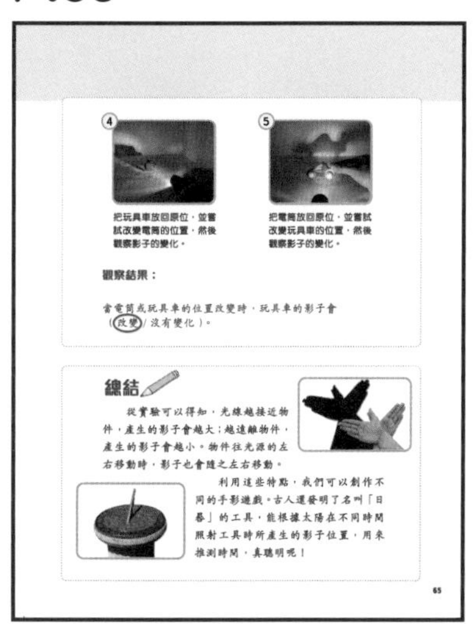

④ 把玩具車放回原位，並嘗試改變電筒的位置，然後觀察影子的變化。

⑤ 把電筒放回原位，並嘗試改變玩具車的位置，然後觀察影子的變化。

觀察結果：

當電筒或玩具車的位置改變時，玩具車的影子會（改變 / 沒有變化）。

總結

從實驗可以得知，光線越接近物件，產生的影子會越大；越遠離物件，產生的影子會越小。物件往光源的左右移動時，影子也會隨之左右移動。

利用這些特點，我們可以創作不同的手影遊戲。古人還發明了名叫「日晷」的工具，能根據太陽在不同時間照射工具時所產生的影子位置，用來推測時間，真聰明呢！

65

新雅幼稚園常識及綜合科學練習 (高班下)

編　　者：新雅編輯室
繪　　圖：紙紙
責任編輯：黃偲雅
美術設計：徐嘉裕
出　　版：新雅文化事業有限公司
香港英皇道 499 號北角工業大廈 18 樓
電話：（852）2138 7998
傳真：（852）2597 4003
網址：http://www.sunya.com.hk
電郵：marketing@sunya.com.hk
發　　行：香港聯合書刊物流有限公司
香港荃灣德士古道220-248號荃灣工業中心16樓
電話：（852）2150 2100
傳真：（852）2407 3062
電郵：info@suplogistics.com.hk
印　　刷：中華商務彩色印刷有限公司
香港新界大埔汀麗路36號
版　　次：二〇二四年六月初版

ISBN: 978-962-08-8382-8

18/F, North Point Industrial Building, 499 King's Road, Hong Kong
Published in Hong Kong SAR, China
Printed in China

鳴謝：
本書部分相片來自Pixabay (http://pixabay.com)。
本書部分相片來自Dreamstime（www.dreamstime.com）許可授權使用。